织金煤层气田开发
关键技术及工业化应用

方志雄　著

石油工業出版社

内 容 提 要

本书阐述了具有中国石化特色的贵州省织金地区多、薄煤层气气藏地质及气藏工程的主要成果。全书共6章，涵盖了煤层气成藏主控因素，“甜点区、甜点段”优选，开发方案优化，合采控产开发方式优化及多层合采排采制度优化等技术系列成果。

本书可供从事煤层气开发领域的科技人员、工程技术人员和高等院校相关专业师生参考。

图书在版编目（CIP）数据

织金煤层气田开发关键技术及工业化应用 / 方志雄著 .—北京：石油工业出版社，2019.9

ISBN 978-7-5183-3288-5

Ⅰ . ①织… Ⅱ . ①方… Ⅲ . ①煤层 – 地下气化煤气 – 油气开采 – 研究 Ⅳ . ① P618.11

中国版本图书馆 CIP 数据核字（2018）第 059973 号

出版发行：石油工业出版社

（北京安定门外安华里 2 区 1 号　100011）

网　址：www. petropub. com

编辑部：（010）64523541　图书营销中心：（010）64523633

经　　销：全国新华书店

印　　刷：北京中石油彩色印刷有限责任公司

2019 年 9 月第 1 版　2019 年 9 月第 1 次印刷

787 × 1092 毫米　开本：1/16　印张：7.75

字数：190 千字

定价：80. 00 元

（如出现印装质量问题，我社图书营销中心负责调换）

前 言

贵州省是我国南方煤层气资源最为丰富的省份，也是我国重要的煤层气开发接替基地之一。其煤层气的有效开发，不仅能够释放巨大的多煤层区煤层气资源，而且能够为西南地区油气资源提供重要补充。从煤层赋存地质条件上查明多、薄煤层气区煤层气成藏效应，从开采机理上认识煤层气开发方式的地质选择过程，有效降低煤层气开发技术套用或移植的不利影响，从开发模式层面理解现有煤层气开发工程地质适配性与工程有效性，是西南地区煤层气地质与开发领域急需解决的重要问题。

为加快贵州地区多、薄煤层煤层气经济效益开发，增加清洁能源供应，中国石化华东油气分公司从2009年起通过长期研究，建立了织金地区多、薄煤层开发技术体系，并实现了工业化应用，按照“单井突破—井组试验、滚动开发”的模式，以国家油气重大专项《多煤层煤层气甜点选区选段技术》、国家自然科学基金重点项目《黔西—滇东煤层气成藏效应及其地质选择过程》为依托，通过5年的规律探索，明确了织金地区多、薄煤层煤层气成藏效应及其主控因素、有利区段优选及合采兼容性评价体系、合采控产机理、开发方案优化部署及合采排采制度，高效推进了织金区块试验井组的建成。

织金区块煤层气试验井组的实施，是我国西南地区煤层气地质条件下煤层气勘探评价理论、研究方法及方法技术的探索与现场实践。华东油气分公司经过多年的自主创新，形成了一套较为完善的由地质优选参数决定的有利区段筛选、合采兼容性评价、开发层系组合模式、排采工作制度、井型井网优化部署及压裂改造方式的多煤层联合开发优化体系。这不仅消除了多、薄煤层煤层气开发评估选择时的种种不确定因素，使得合采优化的流程更加清晰明了，操作方式更加简单易行，还对其他区块进行布井选区及优化设计起到了一定的指导参照作用，对整个中国南方尤其是黔西、黔北的煤层气资源富集区的煤层气勘探开发有重要的启示意义。

鉴于国内还没有一本系统介绍贵州省多、薄煤层煤层气开发工艺的书籍，为总结提炼织金煤层气开发技术和生产经验，为国内同类煤层气效益开发提供翔实可靠的依据，同时填补国内煤层气开发同类教材的空白，华东油气分公司组织管理与专业技术人员、岗位技能人员，按照国家职业标准和中国石化教材编著标准，在借鉴国内外有关资料基础上，采用现场写实的方式，编写了《织金煤层气田开发关键技术及工业化应用》。供从事煤层气开发领域的科研人员、管理人员及技术人员参考。

在本书的修编工作中，华东油气分公司勘探开发研究院、工程技术研究院、采油气服务中心、非常规资源管理部、南川页岩气有限公司的专家和科研技术人员对书稿的修订工作提出了建议、指导和帮助，在此一并感谢！

由于多、薄煤层煤层气的高效开发理论与实践还处于积极探索和不断完善之中，本书难免存在一些不足和有待探讨的问题，恳请读者提出宝贵意见。

2019.5

目 录

第 1 章　织金区块煤层气田概述

织金区块位于贵州省中西部，属织金县管辖，毗邻安顺区块及郎岱区块。区块面积 7302.056km^2，含煤面积 4648.55km^2。区块内发育有 2 个相对完整的大型含煤向斜——黔西向斜和岩脚向斜，含煤面积分别达到 1535km^2 和 2701km^2（图 1.1）。

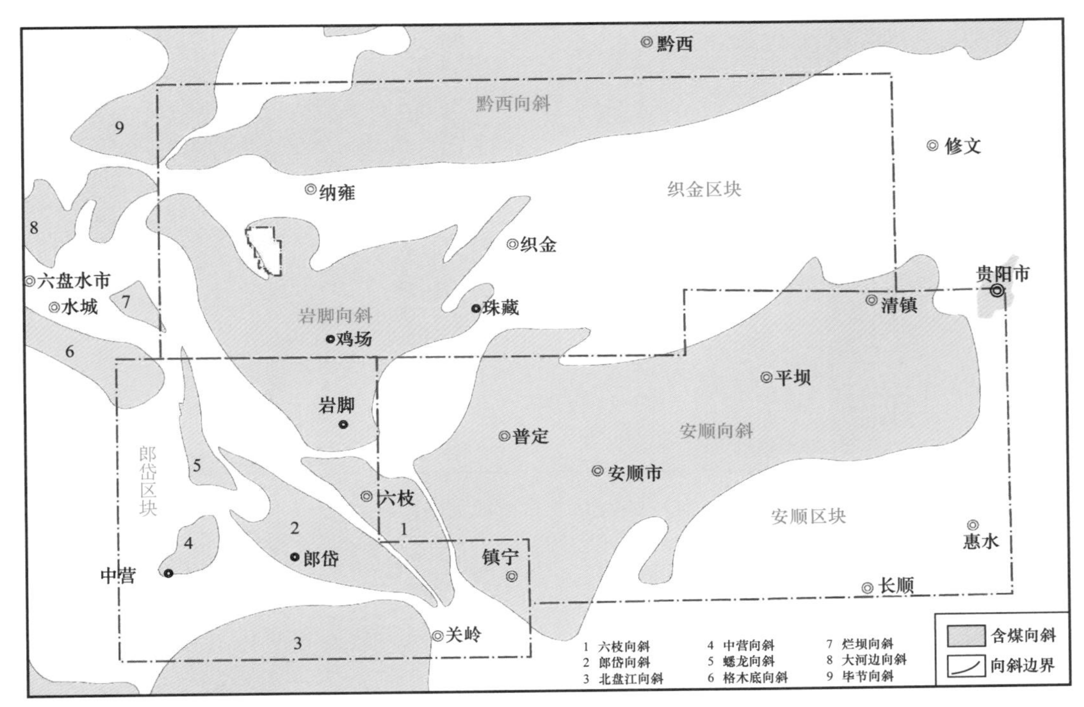

图 1.1　区块位置及主要含煤向斜分布图

1.1　区域地质概况

1.1.1　区域构造位置

织金—郎岱—安顺区块在大地构造位置上位于扬子地块西段，可划分出 3 个一级构造单元，即黔中隆起、黔西南坳陷和黔南坳陷，以及 10 个二级构造单元，三级构造单元表现为地表向斜、背斜构造，主要是燕山期末和喜马拉雅期构造变形的反映。织金区块一级构造单元属黔中隆起，黔中隆起是一个在扬子克拉通基底上发育而来的早古生代隆起（图 1.2）。从深部特征来看，黔中隆起部位是扬子地块乃至华南板块内为数不多的发育刚性结晶基底的地区，基底为 Ar_2—Pt_1，主要岩性为片麻岩、片岩、变粒岩、角闪岩，这一深部基底对上覆盖层的构造变形、构造复杂程度起到一定的控制作用。

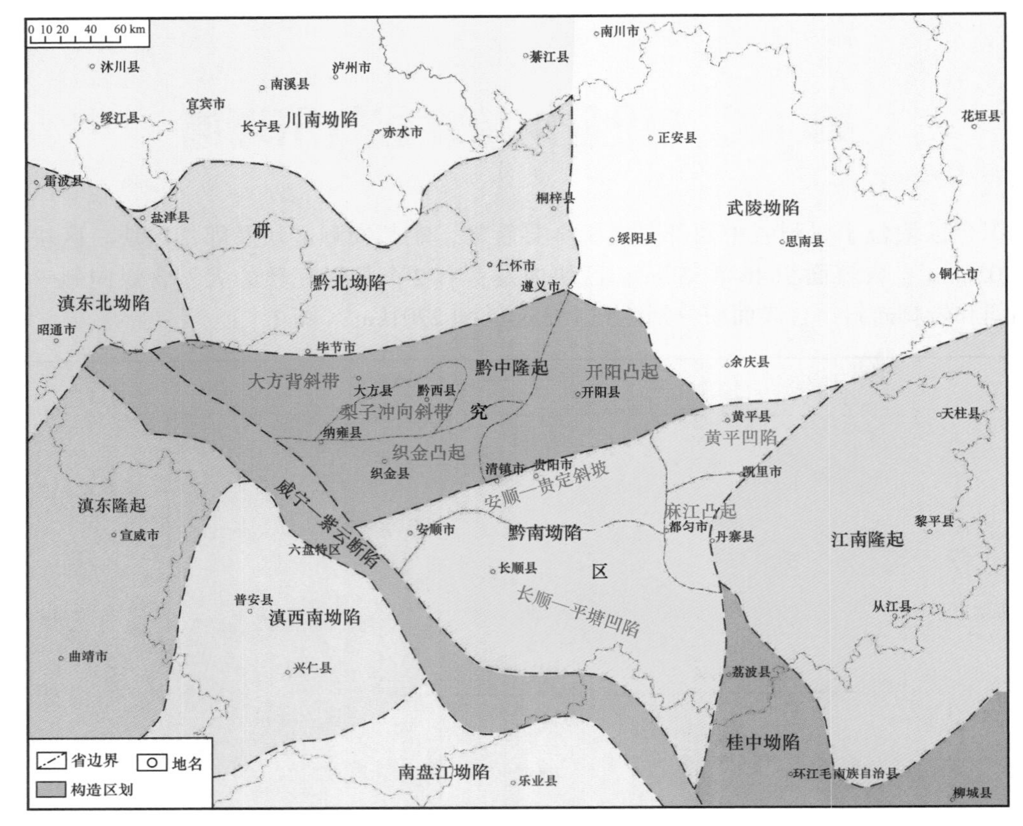

图 1.2　织金区块区域地质构造图

1.1.2　区域构造演化

黔中隆起是扬子板块内部在古生代发育的一个隆起构造，其演化大致经历了 5 个时期，初始于郁南运动，定型发展于都匀运动，鼎盛发育于广西运动，衰退与消亡于紫云运动与东吴运动（表 1.1）。

（1）孕育期（中—晚寒武世）：晚寒武世的郁南运动是黔中隆起形成的开始；

（2）发展期（奥陶纪）：早奥陶世海侵范围扩大，但是中奥陶世黔中隆起进入发展期，都匀运动造成黔中隆起由南而北抬升，沉积海盆的主体位于遵义—毕节一线以北地区，黔南海盆在贵阳以南、平塘以北、丹寨以西；

（3）鼎盛期（志留纪）：中志留世开始的广西运动使黔中隆起进入鼎盛时期，沉积海盆限于贵阳—赫章一线以南，而以北大部地区与川南一起连成一体形成上扬子古陆；

（4）衰退期（泥盆纪—石炭纪—早二叠世）：紫云运动开始，黔中隆起进入衰退期，虽然在紫云运动之后石炭纪海盆有短暂萎缩，但之后海侵范围不断扩大；

（5）消亡期，东吴运动之后，黔中隆起已经被上扬子海盆完全淹没，黔中隆起相对独立的构造演化趋于结束，与上扬子地区的构造演化融为一体，东吴运动和峨眉山玄武岩的喷发造成的西高东低的构造古地理格局，改变了黔中隆起控制东西走向的沉积古地理格架，而变为近南北走向的沉积古地理格局，使黔中隆起与上扬子地区的构造演化彻底融为一体，标志黔中隆起演化的彻底结束。

表 1.1 黔中隆起及周缘地区构造运动

构造阶段	地层		构造运动	构造运动名称	构造运动表现和影响范围	年龄（Ma）
第四系—新近系	第四系	Q	全区	喜马拉雅运动Ⅱ	全区更新统、全新统均角度不整合于老地层之上。	1.8
	新近系	N		喜马拉雅运动Ⅰ	新近系角度不整合于老地层之上，古近系褶皱强烈，断裂活动明显。	23.0
喜马拉雅—海西阶段	古近系	E				65.5
	白垩系	K_2	全区	燕山运动Ⅱ	形成叠加褶皱，早期断层再次活动。	99.6
		K_1	黔中及邻区	燕山运动Ⅰ	遍及全区，是一次空前强烈的褶皱、断裂活动。在黔中及其邻区发生短暂的抬升。	145.5
	侏罗系	J	黔中、黔北、黔西			
印支—海西阶段	三叠系	T_3	黔南黔中黔北黔西	印支运动	黔中、黔北、黔西有平缓褶皱；黔南、黔西南晚三叠世由海相向陆相过渡，海水由此退出贵州。	228.0
		T_2				
		T_1				
	二叠系	P_3	全区　局部	东吴运动	遍及全区，整体隆起，局部地区剥蚀强烈。西部有断裂活动，并有强烈的玄武岩喷发和辉绿岩侵入。	260.4
		P_2	黔南　黔中黔西北	黔桂运动	除黔西、黔南部分地区为连续沉积外，广大地区上升剥蚀，并有微弱的褶皱。	270.6
		P_1	黔西　黔西北	紫云运动	黔西、黔南地区为连续沉积，黔中、黔西北、黔南北部有平缓褶皱。	359.2
	石炭系	C_2	黔南　黔中			
		C_1				
	泥盆系	D_3			遍及全区，黔东南有相当强烈的褶皱断裂运动，黔东有超基性岩侵入，黔南、黔中、黔西和黔北有褶皱和强烈的断裂活动。	416.0
		D_2				
		D_1	全区	广西运动		
加里东—南华阶段	志留系	S_2	黔北　黔中黔南	都匀运动	黔北、黔东北为连续沉积，黔中、黔南、黔西北有轻微褶皱，断裂活动明显。	443.7
		S_1				
	奥陶系	O	全区　威宁西部	云贵运动	除威宁西部有轻微褶皱外，几乎全区为连续沉积。	488.3
	寒武系		滇黔边境　全区	郁南运动	除黔东南一隅外，全区上升剥蚀，并有微弱褶皱。普遍见到，为时间不长的间断。	542.0
	震旦系	Z	全区			
	南华系	Z_1n	全区	澄江运动		
		Z_1f	滇黔边境	三江运动	仅在三江、黎平一带见及，为短暂间断。	
		Z_1c	滇黔边境黔中黔东	雪峰运动	黔东武陵山区有强烈的褶皱运动，黔桂边境为连续沉积。	680.0
雪峰阶段	板溪群	Pt_3	全区	武陵运动	是一次强烈的褶皱断裂运动，并有区域变质和岩浆侵入	1000.0
武陵阶段	梵净山群	Pt_2				

— 整合　--- 假整合　〰 角度不整合　〰〰 强烈角度不整合

黔中自中元古代以来发生的一次或多次构造运动，对上扬子地台沉积盆地的形成、演化，对晚二叠世煤系及其以上地层，岩相与构造格局均有较大影响。其中，发生在中元古代末的武陵运动是一次强烈的构造运动，由此奠定扬子古板块的结晶基地。中二叠世末的东吴运动，将南北向差异隆升转为东西向差异隆升，大体沿遵义—安顺一线为海陆分界，西南以陆相沉积与海陆交互相沉积形成“西部煤海”，此线东南为浅海台地相沉积。发生在晚三叠世的印支运动，使得黔中地区由海变陆，由此进入新的发展阶段。发生在晚侏罗世—早白垩世的燕山运动主幕是黔中地区最为重要的褶皱造山运动，形成了区域性的南北向、北北东向褶皱，并对早期构造进行强烈地改造，由此奠定该区现存的基本构造格架。白垩纪末的晚燕山运动以近横跨或大角度叠加，对早期构造进行改造，以形成左行平移断层与“S”形褶皱为特点。整体上，可以将该区含煤盆地区域构造演化分为三个阶段（图 1.3）：一是海西晚期上扬子地台坳陷盆地形成阶段（稳定聚煤期）；二是印支期上扬子地台坳陷稳定发展阶段（深成变质期）；三是燕山晚期—喜马拉雅期褶皱断裂与抬升剥蚀阶段（含煤盆地肢解保存期）。

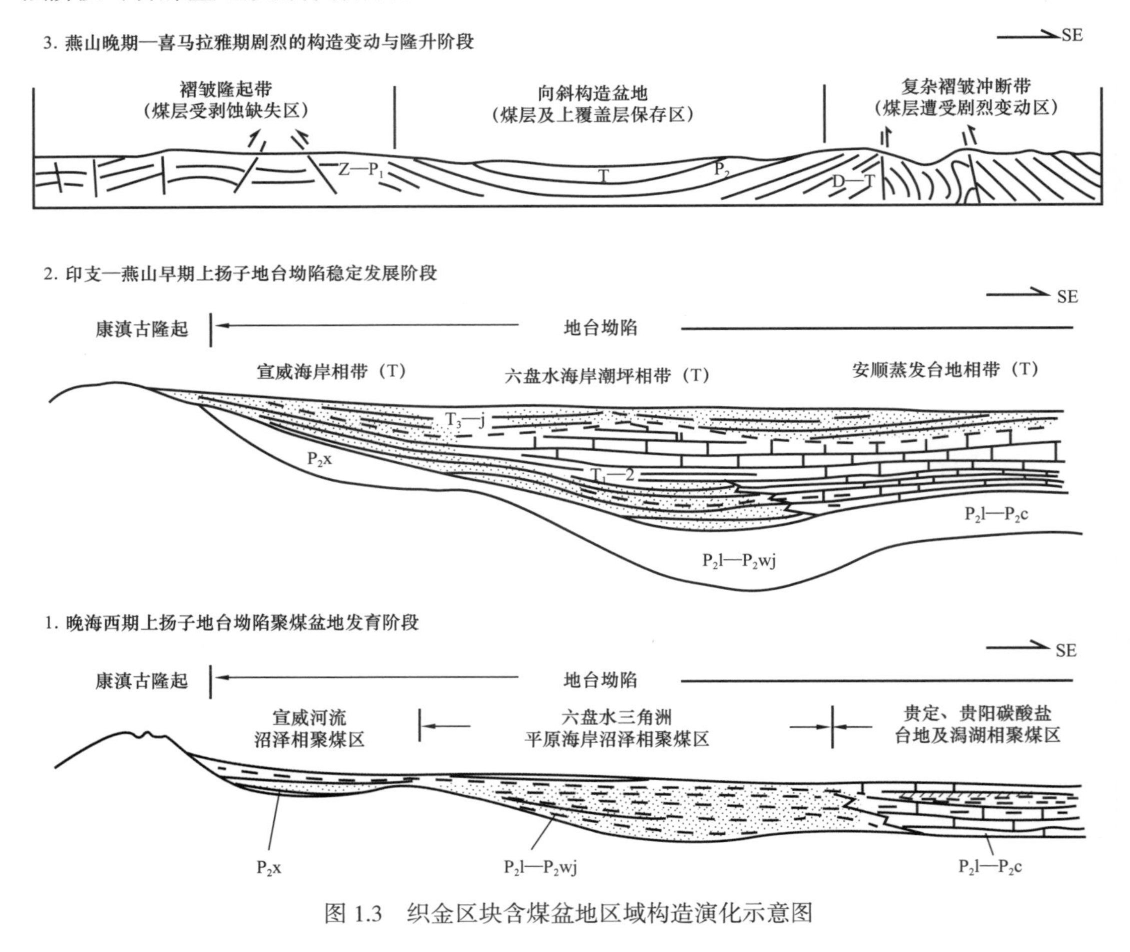

图 1.3　织金区块含煤盆地区域构造演化示意图

1.1.3　含煤构造单元划分

晚海西期东吴运动之后，黔西地区处在稳定统一的沉积盆地内。成煤后的燕山期、喜马拉雅期构造运动表现为强烈挤压抬升，原型盆地解体为众多北东向、北西向的构造盆地（复向斜），如黔西向斜、岩脚向斜、六枝向斜、郎岱向斜、蟋龙向斜、中营向斜和安顺向斜，煤系地层在这些向斜内得到保存，外围则被剥蚀殆尽。研究区内位于扬子板块黔中隆起之上，受多期构造活动的改造，原型含煤盆地遭受肢解并遭受变形改造，呈现出北部、西部大型完整含煤复向斜，东部的断褶构造及部分残留小向斜的整体构造面貌。

根据含煤向斜隆起抬升幅度的相对大小，织金区块内构造分为拱褶和凹褶两种类型，并可细分为拱褶复向斜、拱褶背斜、拱褶断裂和凹褶复向斜带（图 1.4）。

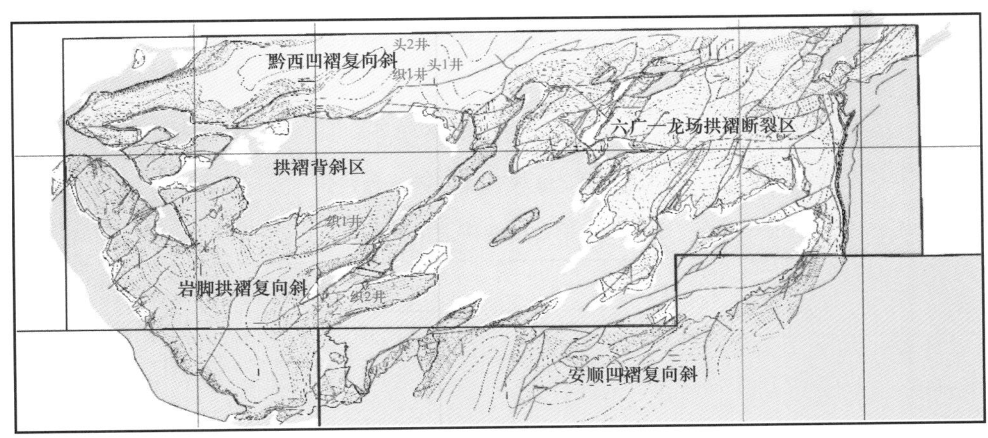

图 1.4 织金区块构造分类图

拱褶带即隆起幅度相对较高的地区。长兴组上覆地层的保留厚度一般小于 1200m（指最大厚度），可进一步划分为复式背斜、复式向斜。

（1）拱褶复式背斜：隆起幅度最高的一系列褶皱。下古生界大面积出露，长兴组、龙潭组含煤地层被剥蚀。煤田存在三个拱褶复式背斜，分布于 3 个含煤向斜之间的过渡区。

（2）岩脚拱褶复式向斜：隆起幅度相对较低的一系列褶皱。次级向斜出露开阔、背斜出露狭窄，含煤地层保留于次级向斜构造内，其中包括三塘向斜、阿弓向斜、珠藏向斜等。该构造区之南部和北部两端沉陷较深，长兴组上覆地层保留厚度 1000 余米，在中部，即织金至中寨羊场一带抬升隆起，致使三塘向斜在该地段之煤系地层全部剥蚀，文家坝井田之长兴组上覆地层保留厚度仅 350 余米，珠藏向斜与关寨向斜是一个完整的含煤构造单元。

根据含煤构造展布及其连续性，织金区块可划分为 5 个一级向斜构造单元，分别是：黔西复向斜、白泥箐—猪场复向斜、岩脚复向斜、官寨向斜、六广—龙场断褶带（图 1.5）。

各向斜（复向斜）内又可划分出 10 个次级构造单元。岩脚向斜包括比德次向斜、三塘次向斜、水公河次向斜、珠藏次向斜和阿弓次向斜共计 5 个次级向斜；黔西向斜包括以支塘次向斜、乐治次向斜和沙窝次向斜 3 个次级向斜；白泥箐—猪场向斜包括猪场次向斜和白泥箐次向斜 2 个次级向斜（表 1.2）。

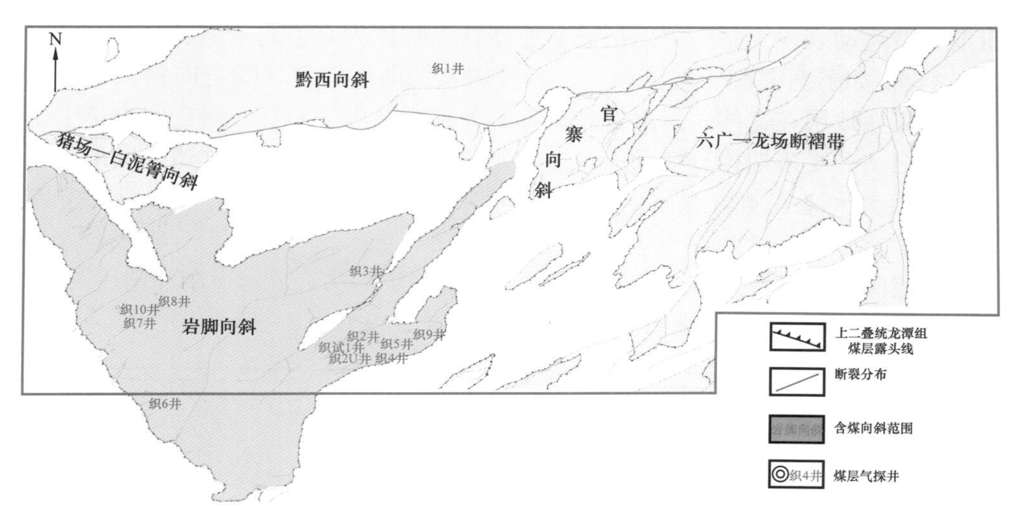

图 1.5　织金区块含煤构造单元划分

表 1.2　织金区块构造单元划分

向斜	次向斜	埋深（m）	面积（km^2）				面积合计（km^2）
			0～1000m	1000～1500m	>1500m	小计	
白泥箐—猪场向斜	白泥箐次向斜	0～800	93.48	0	0	93.48	121.81
	猪场次向斜	0～1000	28.33	0	0	28.33	
黔西向斜	以支塘次向斜	0～2000	140.21	93.82	196.24	430.27	1171.88
	乐治次向斜	0～2000	67.63	74.65	131.17	273.45	
	沙窝次向斜	0～2000	169.33	103.26	195.57	468.16	
岩脚向斜	水公河次向斜	0～1000	198.11	0	0	198.11	1565.22
	比德次向斜	0～2000	359.69	271.14	109.39	740.22	
	三塘次向斜	0～2000	250.74	64.85	19.33	334.92	
	珠藏次向斜	0～800	112.71	0	0	112.71	
	阿弓次向斜	0～800	179.26	0	0	179.26	
官寨向斜		0～1500	133.91	36.13	0	170.04	170.04
六广龙场断褶		0～1200	1253.67	151.22	0	1404.89	1404.89

注：埋深以龙潭组中部的 16 号煤为标准，面积以 16 号煤露头为界。

1.1.4　区域含煤地层特征

织金区块发育地层有上震旦统、寒武系、下奥陶统、中上泥盆统、石炭系、二叠系、三叠系、下中侏罗统、上白垩统、古近系及第四系，缺失中上奥陶统、志留系、下泥盆统、上侏罗统、下白垩统及新近系。二叠系及三叠系分布范围最广，占总面积的 60% 以上，其中龙潭组覆盖区面积达到 4648.55km^2。除沉积岩外，尚有二叠纪基性火山喷发岩及少量辉绿岩侵入体。织金区块位于黔中隆起之上，黔中隆起在寒武纪末期开始形成，奥陶纪为一水下隆起，奥陶纪末期的都匀运动露出水面而成为古陆，控制志留纪、泥盆纪及以后地层沉积，石炭纪以后再次成为水下隆起。黔中隆起目前反映出缺失奥陶系、志留系、泥盆系。晚古生界在研究区连续发育，但由于喜马拉雅、燕山期的抬升剥蚀，煤系地层在向斜内得以完整保存。

区内二叠系主要包括栖霞组、茅口组、上统峨眉山玄武岩组、龙潭组及长兴组。二叠系的分布面积仅小于三叠系，下统地层多出露于背斜轴部，上统多出露于向斜两翼。龙潭组皆与下伏地层假整合接触，长兴组与三叠系整合接触。三叠系分布广泛、发育良好、在向斜区大面积分布。因剥蚀关系，下统飞仙关组（夜郎组、大冶组）分布最广，永宁镇组次之。中统关岭组分布于向斜轴部，如黔西向斜。研究区煤层气勘探主要目的层为上二叠统龙潭组，是贵州最主要的含煤地层。区内二叠系上统由老到新。分为峨眉山玄武岩组、龙潭组、长兴组。

（1）峨眉山玄武岩组（$P_3\beta$）。

在绝大多数地区，峨眉山玄武岩是龙潭煤组的直接底板。玄武岩厚度变化较大，最大厚度在纳雍补作和织金地贵一带，厚度300余米，珠藏—百兴—纳雍区域内厚度大于200m，向周边地区有减薄之势。在以那架—织金—龙场一线之东北缺失，或呈孤岛状分布。在百兴向斜西翼比德普查勘探区之吴家大山一带，槽探揭露的玄武岩中见一套含煤地层，煤系厚度10m左右，含煤一层，位于煤系地层底部，煤层结构复杂，夹石1～5层，一般3层，夹石厚度0.11～1.11m，一般厚度0.8m左右。纯煤厚度一般为0.50m左右。煤系地层走向长度2km。除此地外，其他地区未发现玄武岩中含煤。

（2）龙潭组（P_3l）。

主要由灰色、灰黄色细砂岩、粉砂岩、粉砂质泥岩和泥岩组成，中夹石灰岩、硅质灰岩、燧石灰岩1～15层，含煤9～44层。由北西向南东石灰岩层数增多、厚度增大，煤层减少，含煤性变差。西北部马中岭、以支塘一带，仅夹泥质灰岩或菱铁质灰岩1～2层，厚仅数十厘米，含煤多达30～40余层；至东缘的席关、罗家院一带，石灰岩多达13～16层，石灰岩与砂泥岩厚度相当或以石灰岩为主，含煤9～10层。

本组富含动物和植物化石，西部以植物化石为主，东部则以动物化石居多。垂向上，植物化石多产于上段。主要化石有：腕足类、双壳类、植物化石以及腹足类、三叶虫等。

本组厚196～320m，由南向北，逐渐变薄。

（3）长兴组。为燧石灰岩与粉砂岩、泥岩互层，顶部为硅质岩、硅质泥岩及钙质泥岩。含煤0～1层。富含动物化石和少量植物化石，主要有蜓、头足类、腕足类、双壳类和腹足类等。厚20～93m。

1.1.5 煤层发育特征

晚二叠世龙潭组沉积期海平面总体稳定，是中国南方重要的含煤地层，分布广泛，发育完好，但低级别海平面振荡频繁，煤层具有层数多、累计厚度大的特点（图1.6）。上二叠统含煤岩系（龙潭组和长兴组）含煤19～46层，一般30余层，以比德向斜层数最多。含煤总厚17.45～54.68m，含煤系数6.2%～13.6%。可采煤层4～12层，可采煤层总厚8.28～21.67m，可采系数2.2%～6.4%。

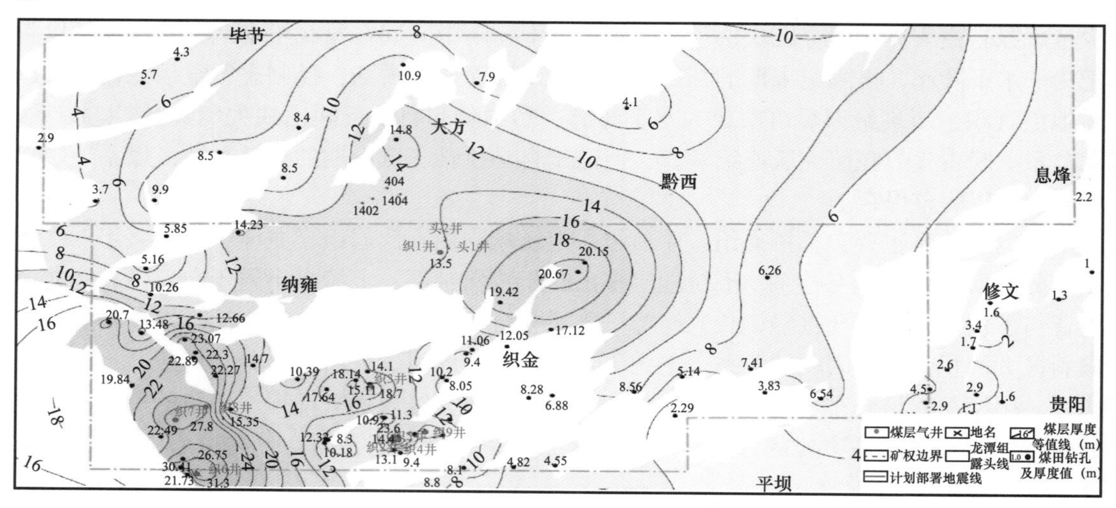

图 1.6　织金区块龙潭组煤层累计厚度图

其中，比德次向斜含煤一般 35～42 层，含煤总厚一般为 37.04～54.68m，可采煤层 8～12 层，可采总厚平均为 17.18m；三塘次向斜含煤一般 27～45 层，含煤总厚一般 23.10～24.00m，可采煤层 4～9 层，可采总厚平均 9.42m；阿弓次向斜含煤一般 26～36 层，含煤总厚一般 20.40～24.00m，可采煤层一般 7～12 层，可采总厚平均 11.80m；珠藏次向斜含煤一般 32～35 层，含煤总厚一般 21.78～25.66m，可采煤层一般 7～10 层，可采总厚平均 11.77m；官寨向斜含煤一般 18～30 层，含煤总厚一般 17.45～22.00mm，可采煤层一般 8 层，可采总厚平均 10.63m。受沉积环境的控制，研究区内上二叠统含煤岩系从西到东，煤层总厚、含煤层数、可采总厚、可采层数逐渐减少（表 1.3，图 1.7）。

表 1.3　织金区块主要含煤向斜煤层数据表

向斜	次向斜	含煤层数	煤层总厚度（m）	可采煤层数	可采厚度（m）
白泥箐—猪场向斜	白泥箐次向斜	50～52	36.21	16～17	19.37～23.55
	猪场次向斜	43	25.61	15	10.01
黔西向斜	以支塘次向斜	40～52	19.85	5～8	7.59
	乐治次向斜	20	19.5	7	13.5
	沙窝次向斜	14～18	14.28～17.45	4～8	5.87～10.58
岩脚向斜	水公河次向斜	50	35.31	7～17	8.10～18.76
	比德次向斜	35～42	37.04～40.64	8～12	16.8～21.67
	三塘次向斜	41～45	22.3～24	4～11	8.28～11.49
	珠藏次向斜	35	21.78～25.66	10	10.5～13.48
	阿弓次向斜	26～34	20.4～24	7～12	9.29～15.22
官寨向斜		19	17.45	8	10.58
六广—龙场断褶		10～18	5.5～11.41	2～5	3.15～8.27

岩脚向斜处于三角洲和潮坪相带，煤层发育最好，煤层层数26～58层，厚度23.1～54.68m，可采煤层层数7～24层，可采煤层厚度8.28～23.55m。西部煤层30.9～54.68m，可采煤层10.96～23.55m；东部煤层20.4～24.5m，可采煤层8.28～13.48m；富煤带位于西部的比德、坪山一带，可采煤层达17层，可采厚度20m以上（图1.7）。其中位于织1井、织2井、织3井、织4井、织5井、织6井钻遇煤层总厚度分别在19.5～28.49m，可采总厚度13.5～23.6m（表1.4）。

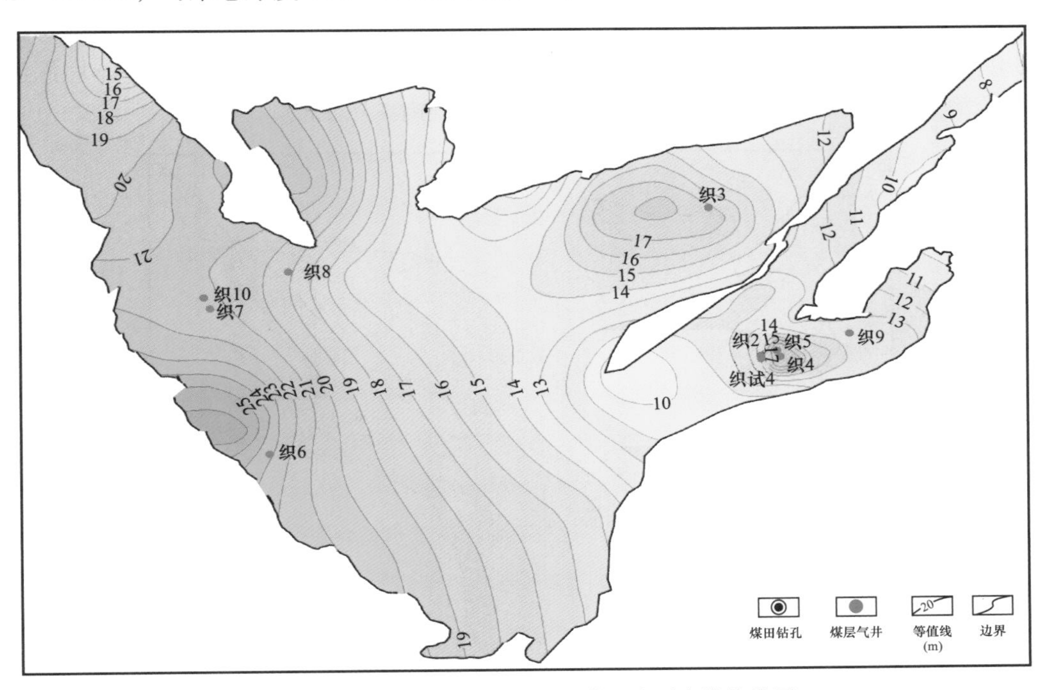

图1.7 织金区块岩脚向斜可采煤层总厚度等值线图

表1.4 织金区块参数井煤层数据统计表

井号	构造单元	可采层数（层）	可采总厚度（m）	煤层总层数（层）	总厚度（m）
织1井	破头山背斜	7	13.5	20	19.5
织2井	珠藏次向斜	11	14.4	28	23.1
织3井	三塘次向斜	14	18.7	27	25.1
织4井	珠藏次向斜	18	24.5	26	29.3
织5井	珠藏次向斜	17	23.6	29	29.1
织6井	比德次向斜	12	20.25	28	28.49

岩脚向斜全区范围内的6号和16号煤稳定，是岩脚向斜全区可对比的煤层。6号煤1.3～5.14m，厚煤区在西部的百兴—化乐和坪山—阿弓一带，可采厚度在3.5m以上；16号煤一般2m左右，属中厚煤层，西部百兴—化乐一带偏薄，一般0.8～1.5m，织金—纳雍一带属厚煤带，厚度1.3～2.18m。岩脚向斜除6号和16号煤，另外还有一些煤层在向斜内的次级构造单元内发育较好，厚度大、稳定，如比德次向斜（百兴）3号、5号、32号

和33号煤；水公河次向斜（纳雍—百兴附近）3号、5号和8号煤；三塘次向斜7号和14号煤；珠藏次向斜7号、23号和27号煤；阿弓次向斜（文家坝、戴家田）27号煤等。

区块内含煤构造以向斜为主，煤层埋深受构造控制明显，向斜轴部埋深较大，如比德次向斜近轴部地区可达1500m，向翼部变浅；黔西向斜轴部地区可达2500m。因此，向斜翼部仍有大片的埋深适中区。区块中东部地区埋深条件更有利，含煤盆地抬升幅度大，整个次级向斜的煤层均处于有利深度范围。例如，岩脚向斜水公河次向斜煤层埋深在1000m以浅，珠藏次向斜埋深在800m以浅，阿弓次向斜1000m以浅，三塘次向斜大部分地区都处于1000m以浅的深度范围内，东部的六广—龙场断褶构造带的煤层整体埋深浅于1500m，绝大多数区域都处于1000m以浅的深度范围内（图1.8）。

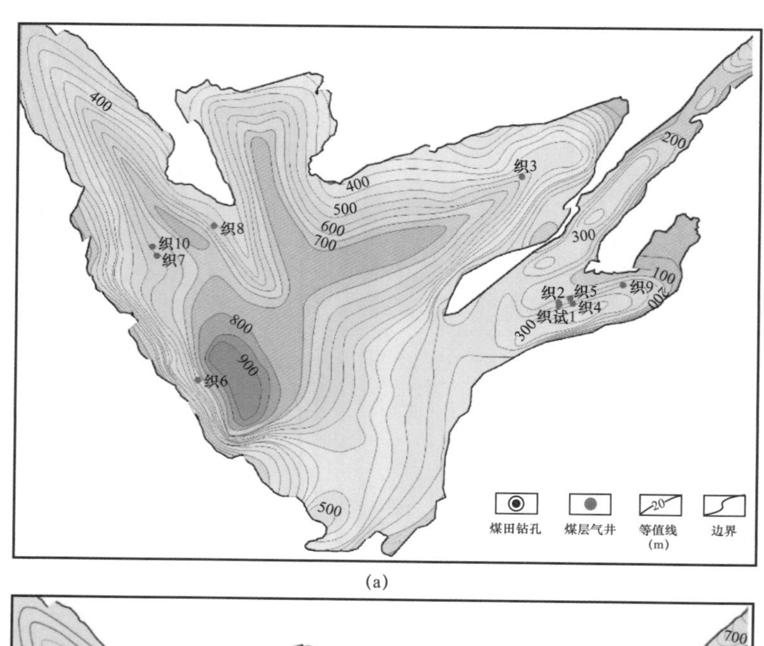

(a)

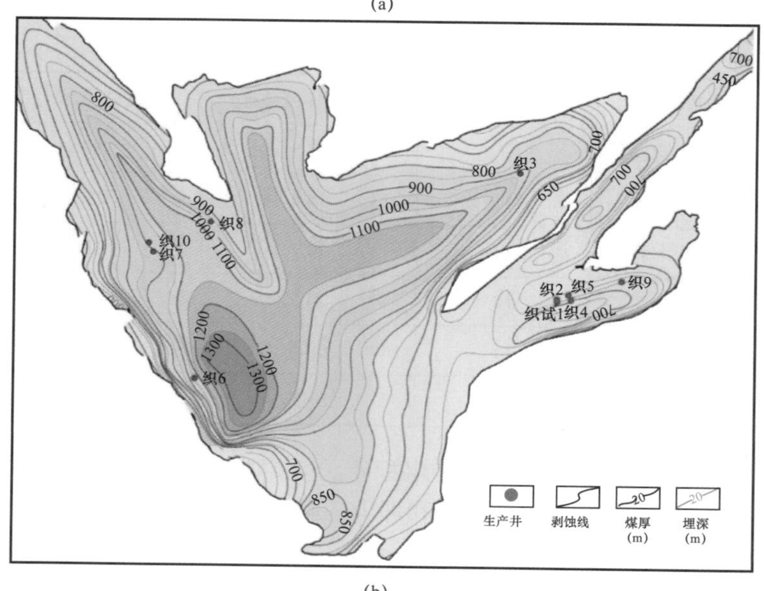

(b)

图1.8 织金区块岩脚向斜上煤组5号煤层（a）和下煤组30号煤层（b）埋深图

1.2 煤层气基本地质特征

1.2.1 煤岩煤质

织金区块晚二叠世龙潭组可采煤层宏观煤岩组分以亮煤为主，暗煤次之，夹少量镜煤细条带及丝炭细透镜体，颜色黑色、灰黑色，光泽以玻璃光泽、弱金属光泽为主，部分为沥青光泽。全区煤层以光亮型和半暗—半亮型为主，部分半暗型、半亮型，少量暗淡型，煤层纵向、横向差别不大。研究区内煤岩以高变质的瘦煤、贫煤和无烟煤为主。横向上，区块西南部的岩脚向斜比德次向斜西南翼变质程度稍低，最大镜质组反射率为1.5%～2.1%，以瘦煤、贫瘦煤为主，其他地区最大镜质体反射率为2.8%～4.3%，平均3.2%，主要为无烟煤（图1.9）。全区镜质组最大反射率从西到东、从北到南逐渐增大。区块内煤岩变质程度高，生烃量大，是该地区内高含气量的一个重要原因。

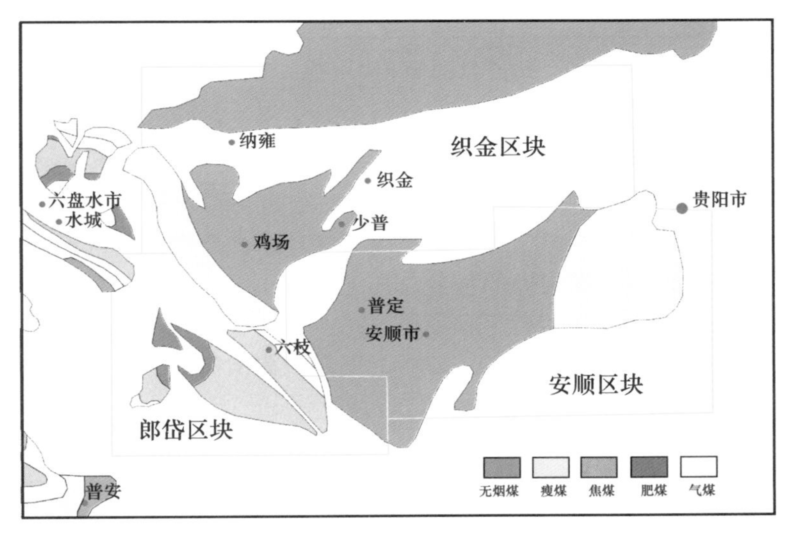

图1.9 织金区块及周边煤岩变质程度类分布图

研究区内煤岩有机显微组分以镜质组为主，一般60.30%～94.58%，平均76.20%；惰质组次之，介于1.50%～46.50%，平均17.74%。无机组分以黏土类矿物为主，黄铁矿、石英次之，方解石少量。横向上岩脚向斜西部煤层镜质组平均含量相对偏低，为62.89%～69.24%（比德次向斜西南翼）；区块中东部的煤层镜质组含量偏高，三塘次向斜、水公河次向斜、珠藏次向斜、阿弓次向斜内的煤田勘查资料显示镜质组含量为65.99%～84.65%，黔西向斜南缘及官寨向斜附近的官寨、龙场一带镜质组含量为80%～89%（图1.10）。

此外，研究区煤层水分介于1.70%～3.38%，平均2.69%。各赋煤单元平均硫分变化不大，介于2.73%～3.56%，全区平均为3.12%。比德次向斜以高硫煤、中高硫煤为主，向斜北部及中部局部分布中硫煤；三塘次向斜以中高硫煤、中硫煤为主，高硫煤及低硫煤局部分布；阿弓次向斜、珠藏次向斜、官寨向斜以中高硫煤为主。硫分的高低与沉积

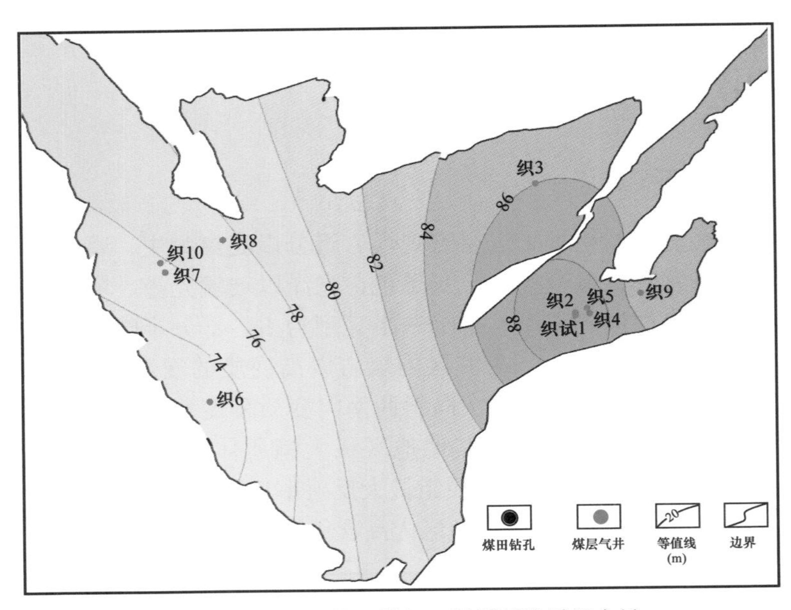

图 1.10　织金区块Ⅰ煤组 5 号煤层镜质组含量

环境有关，评价区沉积环境以潮坪沼泽、潟湖沼泽为主，硫分含量较高，由于环境的变化，不同煤层硫分也有所变化，同一层煤中不同部位的硫分的分布也是不均一的，其变化复杂多样，与成煤时的环境复杂多变有关。研究区煤的挥发分最低为 6.68%（珠藏次向斜），最高 15.55%（比德次向斜），全区平均 9.10%。除比德次向斜外，其他赋煤单元煤的挥发分平均在 10% 以下。区内煤的灰分总体上变化不大，以低中灰—中灰煤为主，平均值 17.22%～26.14%，低灰煤和高灰煤零星分布，总体较均一；岩脚向斜灰分总体变化趋势表现为西部比德次向斜地区的灰分略高于东部珠藏次向斜、阿弓次向斜、三塘次向斜（图 1.11）。

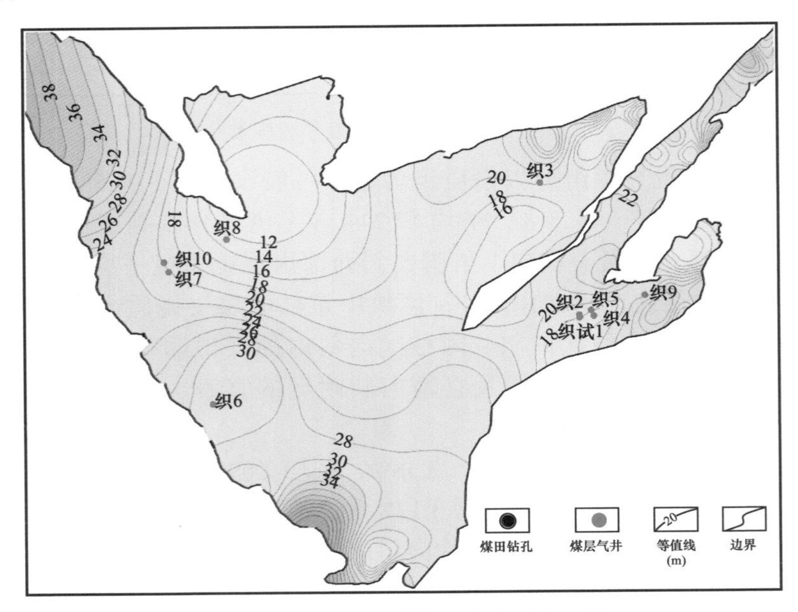

图 1.11　织金区块煤岩灰分产率分布图

珠藏次向斜 R_o 在 2.9%～4.3%，平均 3.5%，以无烟煤为主。镜质组含量整体较高，大于 85%，均为光亮煤。灰分含量以低—中灰分为主，纵向上随深度增大而减小，Ⅰ煤组灰分为 8.3%～30.2%，平均 22%（图 1.12）；Ⅱ煤组灰分 6.8%～30.7%，平均 19.7%（图 1.13）；Ⅲ煤组灰分 7.2%～25.1%，平均 17.5%（图 1.14）。

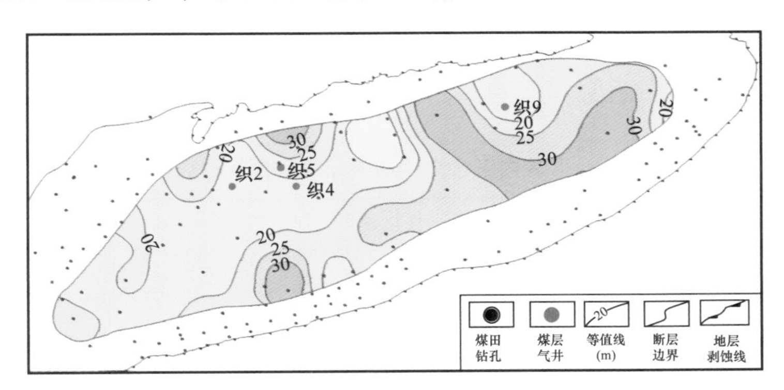

图 1.12　珠藏次向斜Ⅰ煤组号煤层灰分等值线图

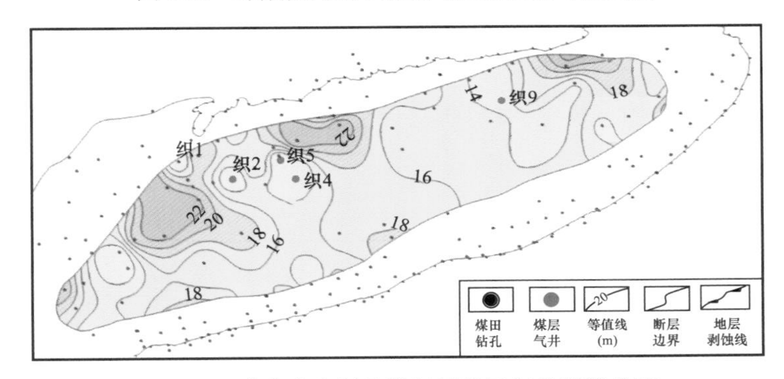

图 1.13　珠藏次向斜Ⅱ煤组号煤层灰分等值线图

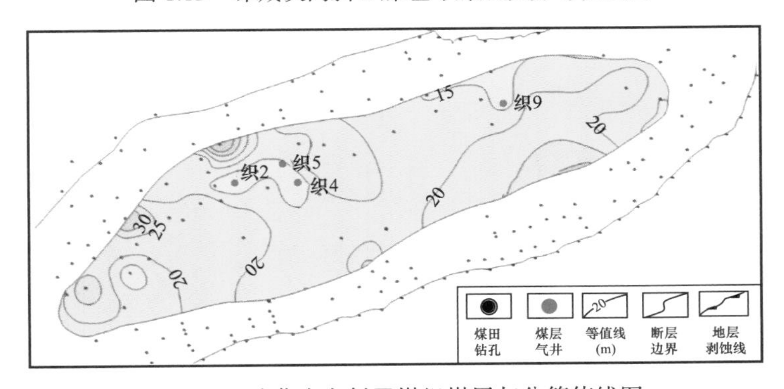

图 1.14　珠藏次向斜Ⅲ煤组煤层灰分等值线图

1.2.2　煤层含气性

1.2.2.1　含气量

黔西地区龙潭组煤层含气量普遍偏高，黔西向斜南部的一些煤矿的主力煤层含气量为 9.08～24.9m³/t，织 1 井测得 23 号煤平均含气量为 14.2m³/t，官寨次向斜的含气量为 7.14～24.9m³/t（62 个钻孔测试样），平均 15.41m³/t。从岩脚向斜 5 个次级向斜 890 个实测含气量数据来看（表 1.5），岩脚向斜 5 个次级向斜平均含气量在 10～15.78m³/t，其中比德次向斜西南翼的部分地区含气量在 22～46.26m³/t，水公河次向斜煤层含气量普遍较高，几套主要可采煤层平均含气量 13.92～16.91m³/t。珠藏次向斜煤田钻孔实测 6 号煤含气量 1.47～29.21m³/t，平均 12.97m³/t，16 号煤实测 0.75～26.93m³/t，平均 13.34m³/t，其他各煤层平均含气量在 10.48～17.16m³/t；并且 200m 以深含气量更高，平均 14.52～19.29m³/t。

表 1.5　区块内各含煤构造单元煤层含气量数据表

含煤次向斜	三塘次向斜		珠藏次向斜		水公河次向斜	比德次向斜	阿弓次向斜	官寨次向斜
	＜300m	＞300m	0～100m	＞200m				
平均含气量（m³/t）	6.75	11.2	8.07	15.79	15.78	12. 14	10.48	15.41
	9.76		13.02					
钻孔测试层数	32	81	43	84	92	174	308	62
深度范围（m）	102～287	300～740	24～191	200～749	90～824	63～926	38～694	62～840
平均深度（m）	202.4	496.8	144.5	388.8	433	478	293	541

此外，区块内参数井对不同深度的 21 套煤层进行了含气量测试，结果显示 200m 以深的煤层平均含气量一般在 12～15m³/t，最高达 20.35m³/t，整体属高含气区（图 1.15）。

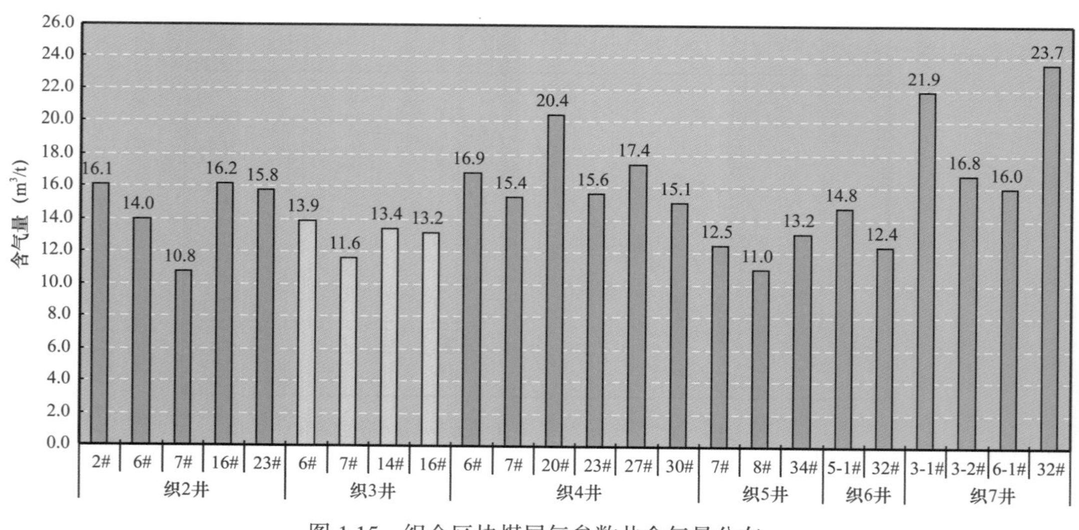

图 1.15　织金区块煤层气参数井含气量分布

1.2.2.2　含气饱和度与临界解吸压力

含气饱和度是指煤储层在原位温度、压力、水分含量等储层条件下，煤层含气总量与总容气能力的比值。对于煤储层的气饱和状态的估计，可采用理论饱和度或实测饱和度参数。理论饱和度（有时又称为绝对饱和度）是实测含气量与朗氏体积之比值，即：

$$S_{理}=V_{实}/V_{L} \quad (1.1)$$

式中 $S_{理}$——理论饱和度，%；

$V_{实}$——实测含气量，m^3/t；

V_L——兰氏体积，m^3/t。

除高含气量，各煤层还具有高含气饱和度、高压力状态的特点（表1.6）。区块内煤层含气饱和度普遍在50%以上，其中珠藏次向斜织2井和织4井以及黔西向斜破头山构造织1井200m以深的煤层含气饱和度一般在60%～90%。

表1.6 织金区块煤层气吸附解吸特征数据表

井号	构造单元	煤层编号	深度（m）	兰氏体积（m^3/t）	兰氏压力（MPa）	饱和度（%）	解吸压力（MPa）
织1井	黔西向斜	4号	158	39.36	2.44	50.3	0.37
		9号	214.2	32.03	2.21	109	1.36
		23号	359.4	34.31	3.15	114	2.44
织2井	珠藏次向斜	6号	240.4	35.41	2.75	105	2.01
		7号	262.4	37.08	2.76	68.6	1.13
		16号	379.7	34.61	2.55	95.4	2.67
		23号	430.5	39.32	2.49	79.2	1.92
织3井	三塘次向斜	6号	614	37.62	2.57	65.1	2.1
		7号	636.5	37.2	2.41	53.8	1.45
		14号	697.7	37.94	2.45	62.6	2.04
		16号	735.4	39.01	2.51	52.1	1.55
织6井	比德次向斜	3～1号	639.1	13.91	0.81		6.6
		5～1号	661.2	19.84	1.78		8.02
		32号	898.4	22.27	1.43	72.9	8.64
		33号	921.1	18.02	0.88		7.08

煤层气临界解吸压力是指解吸与吸附达到平衡时，压力降低使吸附在煤基质内表面上的气体开始解吸时的压力。这可由实测含气量和朗缪尔方程来确定，即等温吸附曲线上煤样实测含气量所对应的压力（p_{cd}），是煤层含气性和吸附/解吸性的函数，是估算煤层气采收潜势的重要参数，即：

$$p_{cd}=\frac{V_{实}p_{L}}{V_{L}-V_{实}} \quad (1.2)$$

式中 p_{cd}——临界解吸压力，MPa；

$V_{实}$——实测含气量，m^3/t；

p_L，V_L——分别为兰氏压力和兰氏体积。

计算结果表明，珠藏次向斜、三塘次向斜、黔西向斜解吸压力为1.4～3.2MPa，其中珠藏次向斜织2井、黔西向斜南缘织1井测试煤层埋深仅200～430m，显示较好可采性条件；比德次向斜埋深大，解吸压力6.9～7.8MPa（表1.6）。不同煤组煤储层临界解吸压力未表现出明显的差异，如图1.16所示。

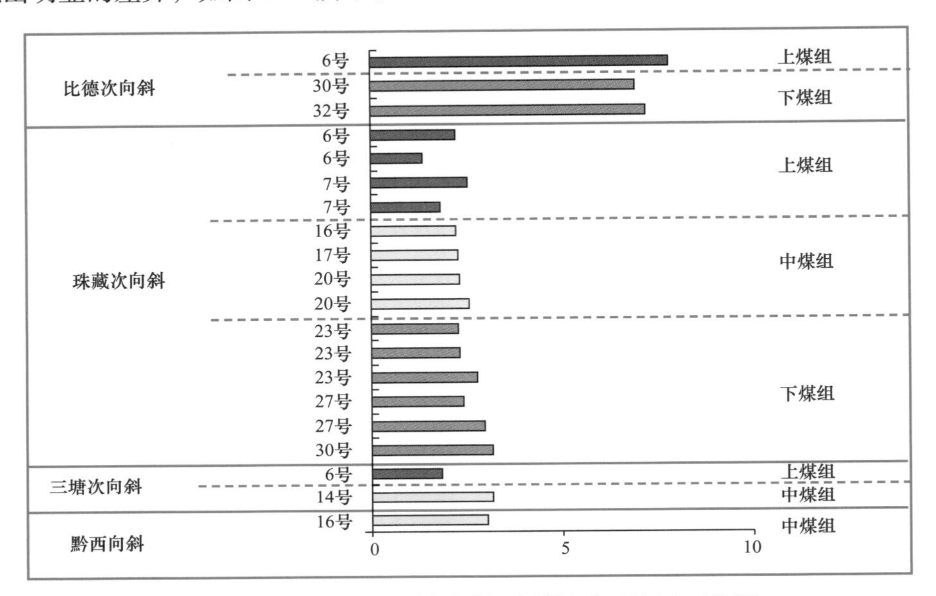

图1.16 织金区块不同次向斜不同煤组解吸压力对比图

1.2.3 煤储层地应力特征

研究收集了78层次黔西地区的地应力数据，见表1.7。在135.9～1243.6m埋深范围内，黔西地区闭合压力（p_c）介于2.14～30.26MPa，平均12.94MPa；破裂压力（p_f）介于3～36.71MPa，平均15MPa；储层压力p_o介于0.72～12.89MPa，平均6.35MPa；最大水平主应力（σ_H）介于2.7～43.59MPa，平均17.58MPa。根据应力量级判定标准（最小水平主应力σ_h>30MPa为超高应力区；18～30MPa为高应力区；10～18MPa为中应力区；0～10MPa为低应力区），黔西地区85%煤储层介于10～30MPa，整体以中—高应力区为主（表1.7）。就不同含煤地区而言，平均最小水平主应力梯度表现为：黔西—滇东（2.15MPa/100m）>沁水盆地南部（1.96MPa/100m）>鄂尔多斯盆地东缘（1.9MPa/100m）>准噶尔盆地南部（1.6MPa/100m）。此外，与美国、澳大利亚相比（美国黑勇士盆地最小水平主应力值一般1～6MPa，澳大利亚悉尼盆地、鲍恩盆地一般1～10MPa，少数达14MPa），本区煤储层所承受的现代地应力较大。

实测地应力数据表明三个主应力大小在空间上是不相等的，而最大主应力（σ_H）、最小主应力（σ_h）和垂向主应力（σ_v）是划分地应力状态的重要依据。Anderson（1951）根据断层类型将地应力场划分为三个类型：正断层应力类型（$\sigma_v>\sigma_H>\sigma_h$）、逆断层应力类型

（$\sigma_H>\sigma_h>\sigma_v$）和走滑断层应力类型（$\sigma_H>\sigma_v>\sigma_h$）。通常，正断层应力类型主要与上覆重力载荷有关，而逆断层应力类型和走滑断层应力类型还涉及构造挤压。垂向上，黔西地区地应力状态可以被具体划分为 4 个埋深段（图 1.17）。

表 1.7 我国不同含煤盆地地应力参数对比

地区	埋深（m）	p_c（MPa）	p_f（MPa）	p_o（MPa）	σ_H（MPa）	σ_v（MPa）	渗透率（mD）
黔西	135.9～1243.6 （623.99）	2.14～30.26 （12.94）	3～36.71 （15）	0.72～12.89 （6.35）	2.7～43.59 （17.58）	3.67～33.58 （16.85）	0.0001～1.56 （0.1）
鄂东	488～1289.5 （814.9）	6.98～21.83 （14.94）	8.17～25.9 （16.27）	2.23～15.52 （6.46）	9.82～33.33 （22.49）	13.18～34.82 （22）	0.005～10.85 （0.57）
沁南	353.15～1272.8 （734.75）	6.24～29.09 （14.37）	6.66～31.38 （15.64）	0.86～12.63 （5.11）	10.76～45.02 （22.57）	9.54～34.37 （19.84）	0.006～0.913 （0.22）
滇东	525.55～996.43 （732.36）	13.23～21.44 （18.16）	15.61～22.31 （18.95）	5.09～11.27 （6.64）	20.12～33.26 （29.43）	13.84～26.9 （19.77）	0.0056～0.036 （0.017）
淮南	378.95～1407.19 （903）	4.85～24.67 （15.07）	7.09～25.03 （16.9）	1.93～13.61 （7.54）	6.06～35.9 （21.28）	10.23～37.99 （24.38）	0.0006～0.98 （0.19）

注：括号中为平均值。

在浅部煤层（<500m），最大水平主应力与最小水平主应力随埋深增加逐渐升高。然而，与沁水盆地南部及鄂尔多斯盆地东缘相比，本埋深段地应力分布相对复杂。受局部构造的影响，本埋深段内正断层应力类型，逆断层应力类型和走滑断层应力类型均有分布。总体上，本区走滑断层应力类型仍占主导地位，特别是在 300～500m 埋深范围内。

在 500～750m 埋深范围内，最大和最小水平主应力梯度与浅部煤层相比有所降低，正断层应力场类型所占比例有所增加，地应力状态整体表现为 $\sigma_H\approx\sigma_v\approx\sigma_h$，即地应力状态表现为过渡型应力场：由走滑型应力场类型逐渐向正断层应力场类型过渡。

在 750～1000m 范围内，地应力场类型主要表现为正断层应力场类型，应力梯度进一步降低，即本埋深段内应力受构造影响程度降低，应力绝对大小主要与上覆重力载荷有关，即垂向主应力占据主导地位，这种应力场类型有利于正断层的活动。

在 1000～1300m 范围内，最大水平主应力再次占据主导地位，且地应力场转化为 $\sigma_H>\sigma_v>\sigma_h$ 型，现今地应力状态为压缩带，表现为大地动力场型。换言之，当煤层埋深超过 1000m，黔西地区煤层气开发将面临高地应力的挑战。

1.2.4 孔裂隙系统多尺度表征

1.2.4.1 吸附孔孔隙结构

织金地区煤储层孔隙以微、小孔为主，样品吸附能力高，煤层有很强的储气能力。该区煤储层吸附孔中以微孔占优，样品微孔含量都在 50% 以上，小孔含量平均仅为 32.91%，煤储层的 BET 比表面和 BJH 总孔体积相对较高（表 1.8），吸附孔隙结构对煤层气的吸附聚集较为有利。

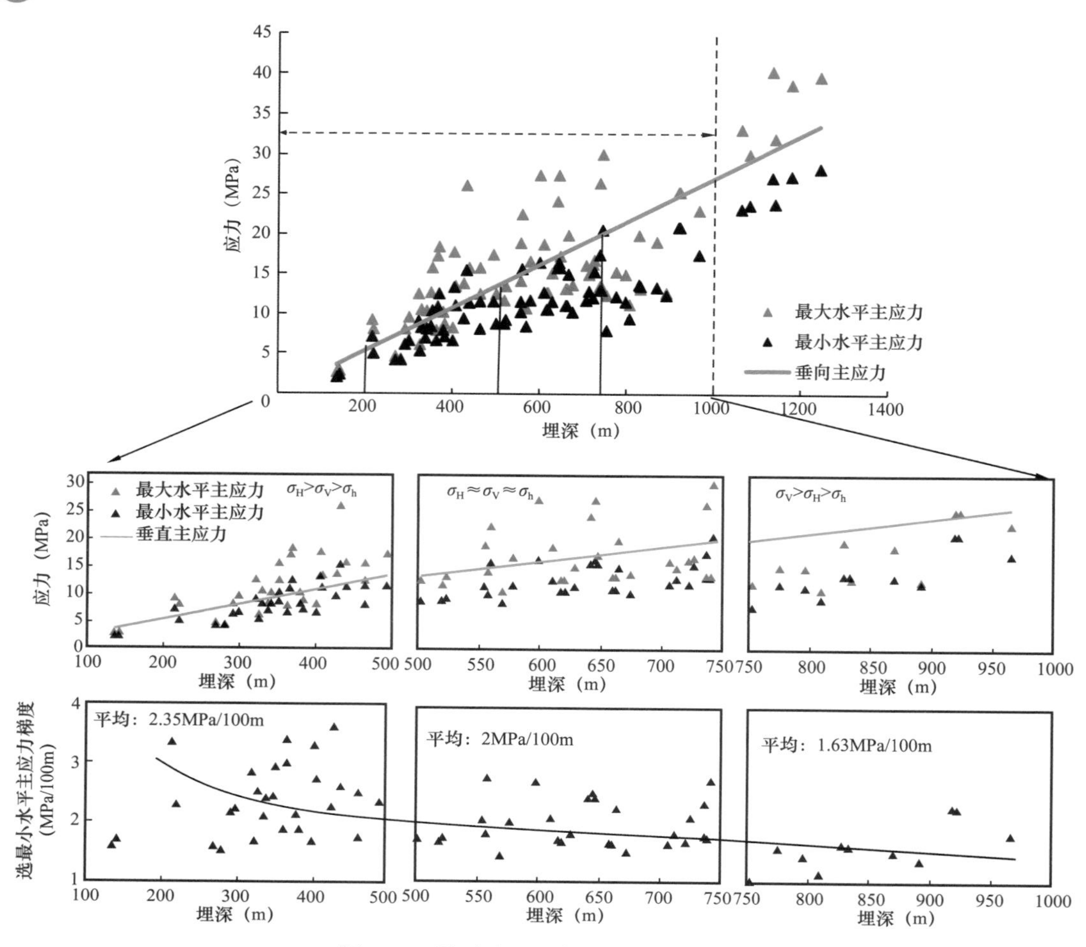

图 1.17　黔西地区地应力垂向变化规律

表 1.8　液氮吸附实验测试数据表

样品号	BET 比表面（m^2/g）	BJH 总孔体积（mL/g）	平均孔直径（nm）	孔径段孔隙含量（%）		曲线类型
				小孔	微孔	
1	0.412	0.0017	12.92	48.19	51.81	A
2	0.239	0.0007	8.66	23	77	B
3	0.449	0.0008	7.46	27.34	72.66	B
4	0.199	0.0008	11.76	25.65	74.35	B
5	0.456	0.0016	11.91	49.37	50.63	A
6	0.322	0.001	8.95	17.01	82.99	B
7	0.542	0.0015	9.14	32.33	67.67	A
8	0.127	0.0005	11.07	40.35	59.65	C
平均值	0.343	0.0011	10.23	32.91	67.09	

根据煤的吸附/脱附曲线特征来判断吸附孔隙形态，从而确定不同的吸附孔隙模型。对织金、纳雍地区煤样的液氮吸附测试结果分析，将该区的液氮吸附/脱附曲线划分为A、B和C三种类型（图1.18）。

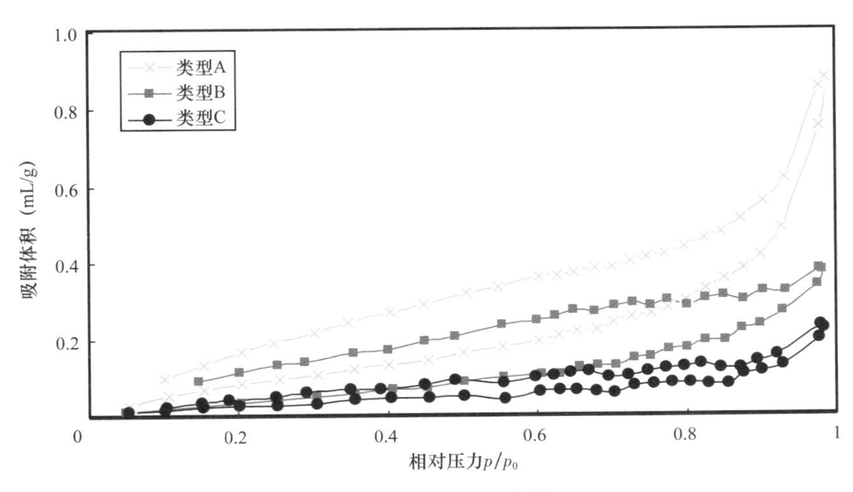

图1.18　典型液氮孔隙模型

曲线类型A以样品5为典型，该类样品最大吸附量较大，一般大于0.9mL/g，吸附曲线从压力接近p_0时开始迅速增加，曲线变陡，煤岩样品BET比表面和BJH总孔体积都较大，所测BET比表面约0.5m²/g，BJH总孔体积一般都在0.0017mL/g左右。吸附/脱附曲线存在较为明显的吸附回线，反映的孔隙类型是开放型的圆筒孔和平行板状孔。该类样品吸附能力强，连通性好，对煤层气的吸附、解吸和扩散最为有利。

曲线类型B以样品4为典型，该类样品吸附/脱附曲线整体比较平缓，最大吸附量较小，一般小于0.5mL/g，BET比表面在0.3m²/g左右，BJH总孔体积约为0.001mL/g。该类曲线存在较为明显的吸附回线，反映的孔隙类型是开放的且连通性较好的圆筒孔和平行板状孔，具备B型曲线的煤岩样品孔隙吸附能力中等，但孔隙间的连通性较好，有利于煤层气的解吸和扩散。

曲线类型C以样品8为典型，该类样品的吸附/脱附曲线基本重合，最大吸附量极低，一般在0.2mL/g以下，BET比表面、BJH总孔体积普遍较小，BET比表面仅在0.12m²/g左右，BJH总孔体积约为0.0005mL/g。吸附/脱附曲线中的吸附回线不明显，孔隙类型主要为一端封闭的平行板状孔及尖劈形孔。该类样品孔隙的吸附能力弱，连通性不好，不利于煤层气的吸附、解吸和扩散。

根据上述分类模型，对样品液氮吸附/脱附曲线类型进行归类分析，织金区块煤储层的曲线以类型A和类型B为主，类型C发育较少，研究区内主要的吸附孔隙类型是开放的且连通性较好的圆筒孔和平行板状孔，说明该区煤储层吸附孔隙的吸附、解吸和扩散能力较强，对煤层气的富集和产出较为有利。

1.2.4.2　渗流孔孔隙结构

织金地区煤储层压汞测试结果表明：该区煤岩进汞饱和度普遍偏低，平均值为34.06%，煤储层孔隙结构以微、小孔占绝对优势，大、中孔相对不发育，导致汞蒸气难以进入孔隙，这是高煤阶煤储层孔隙系统的一大特点（表 1.9）。煤岩退汞效率低的主要原因是煤层孔径结构具有典型的“双峰”分布的特点，即以微、小孔占绝对优势，大孔次之，中孔含量最少，这种孔径特点极易导致渗流的“瓶颈”或“不连续”问题，从而降低孔隙的渗透性，使进入的汞蒸气很难渗流出来。

表 1.9　压汞孔隙测试数据表

样品号	进汞饱和度（%）	退汞效率（%）	排驱压力（MPa）	压汞孔径段孔隙含量（%）			曲线类型
				大孔	中孔	微小孔	
1	21.21	35.93	2.78	6.15	10.78	83.07	C
2	29.21	75.73	4.66	5.31	5.85	88.84	D
3	32.78	31.24	0.07	19.28	5.25	75.47	B
4	38.56	38.33	0.05	21.22	5.76	73.02	B
5	17.77	42.04	6.31	3.28	7.01	89.71	C
6	67.62	34.59	0.07	37.69	11.7	50.61	A
7	34.77	41.16	3.92	6.46	13.41	80.13	C
8	30.57	80.95	—	4.54	7.16	88.3	D
平均值	34.06	47.5	2.55	12.99	8.37	78.64	

通过对压汞测试的进汞曲线和退汞曲线形态来分析煤的渗流孔隙结构，总结了织金、纳雍地区 4 种典型的压汞孔隙结构模型（图 1.19）。

类型 A 以样品 6 为代表，特点是煤岩进汞饱和度和退汞效率高，排驱压力低，孔隙之间的连通性好，该类样品渗流孔隙结构对煤层气的产出运移较为有利。

类型 B 以样品 3 为代表，煤岩进汞饱和度和退汞效率较低，均在 35% 左右，因为该类曲线的孔隙结构具有典型的“双峰”分布的特点，极易导致渗流的“瓶颈”问题，从而降低孔隙的渗透性，该类孔隙结构对煤层气的产出不利。

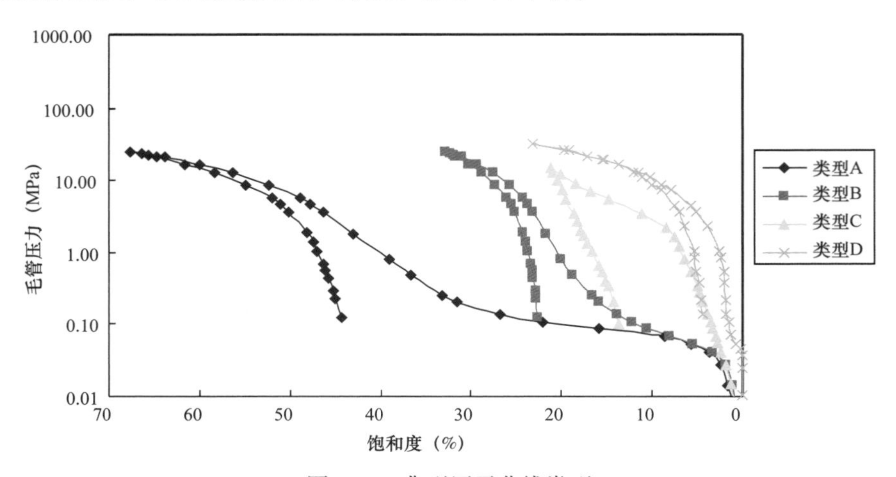

图 1.19　典型压汞曲线类型

类型C以样品1为代表，煤岩进汞饱和度较低，微、小孔与大、中孔的进汞量相当，退汞效率在35%左右，孔隙之间的连通性较差，该类孔隙对煤层气的产出不利。

类型D以样品8为代表，该类型的特点是进汞和退汞曲线近乎重合，煤岩进汞饱和度低，约30%，微、小孔极为发育是导致进汞量较少的直接原因；退汞效率为70%左右，反映该类样品渗流孔隙之间的连通性较好，对煤层气的产出非常有利。

1.2.4.3 割理裂隙发育程度

织金区块内龙潭组煤层以无烟煤和贫煤为主，目前普遍认为高变质程度煤层的割理和外生裂隙是气体运移的主要通道，是影响煤岩渗透性的两个重要因素。经历成煤后期的构造运动，区块内及周边地区龙潭组煤岩外生裂隙发育，周边地区外生裂隙密度达30～50条/5cm，区块内煤田钻孔获取的煤芯常见大量的外生裂隙，且外生裂隙未充填和半充填的比例达到93%。其中，珠藏次向斜织4井7号煤统计面割理密度达到30～35条/5cm，织6井5号煤面割理密度达到20～24条/5cm。珠藏次向斜9个煤田钻孔的煤心统计显示其面割理密度达到19.9～35.8条/5cm（加权平均），外生裂隙和割理密度综合平均为46.1条/5cm。

除割理和外生裂隙，微裂隙发育程度决定了裂隙之间的连通性。根据显微裂隙的宽度（W）和长度（L）可将显微裂隙划分为A型、B型、C型、D型4种类型。

A：W>5mm且L>10mm的宏观能清晰辨认的裂隙，在显微镜下不重复统计。

B：W>5mm且10mm≥L>1mm的连续且较长的裂隙。

C：W<5um且1mm≥L>300um的时断时续的裂隙。

D：W<5um且L≤300um的短裂隙。

总体来说，织金地区煤储层显微裂隙发育密度为15～103条/9cm^2，平均44条/9cm^2，非均质性较高，裂隙类型以D型裂隙为主，C型次之，A型和B型裂隙几乎不发育，显微裂隙之间连通性相对较差（表1.10）。

表1.10 煤储层显微裂隙类型统计表

样品编号	各类裂隙发育密度（条/9cm^2）				
	A型	B型	C型	D型	总计
NF	0	2	6	7	15
FX	0	4	11	18	33
HJG	0	2	3	29	34
HF	0	2	5	39	46
ZH	0	2	25	76	103
ZK-1	0	7	17	5	29
ZK-2	0	1	10	39	50
ZK-3	0	2	17	21	40
ZK-4	0	2	17	26	45

1.2.4.4 煤储层孔、裂隙成因类型

扫描电镜是观察煤岩孔、裂隙发育特征的常用手段，与显微镜相比，扫描电镜具有放大倍数大且连续性强等优点。以煤岩显微组分和煤的变质与变形特征为基础，将扫描电镜观察的煤孔、裂隙划分为 4 大类：原生孔、外生孔、变质孔和显微裂隙。原生孔是煤沉积时已有的孔隙，主要有胞腔孔和屑间孔两种；外生孔是煤固结成岩后，受外界因素作用而形成的孔隙，外生孔主要有角砾孔和碎粒孔；变质孔是煤在变质过程中发生各种物理化学反应而形成的孔隙，主要为气孔；显微裂隙是各种应力作用的结果，划分为内生裂隙和外生裂隙两大类。

织金区块中、高煤级煤储层以原生孔和外生孔为主，局部地区可见气孔［图 1.20（a）］。该区原生孔有胞腔孔和屑间孔：胞腔孔主要包括胞腔中空的结构镜质体、丝质体和半丝质

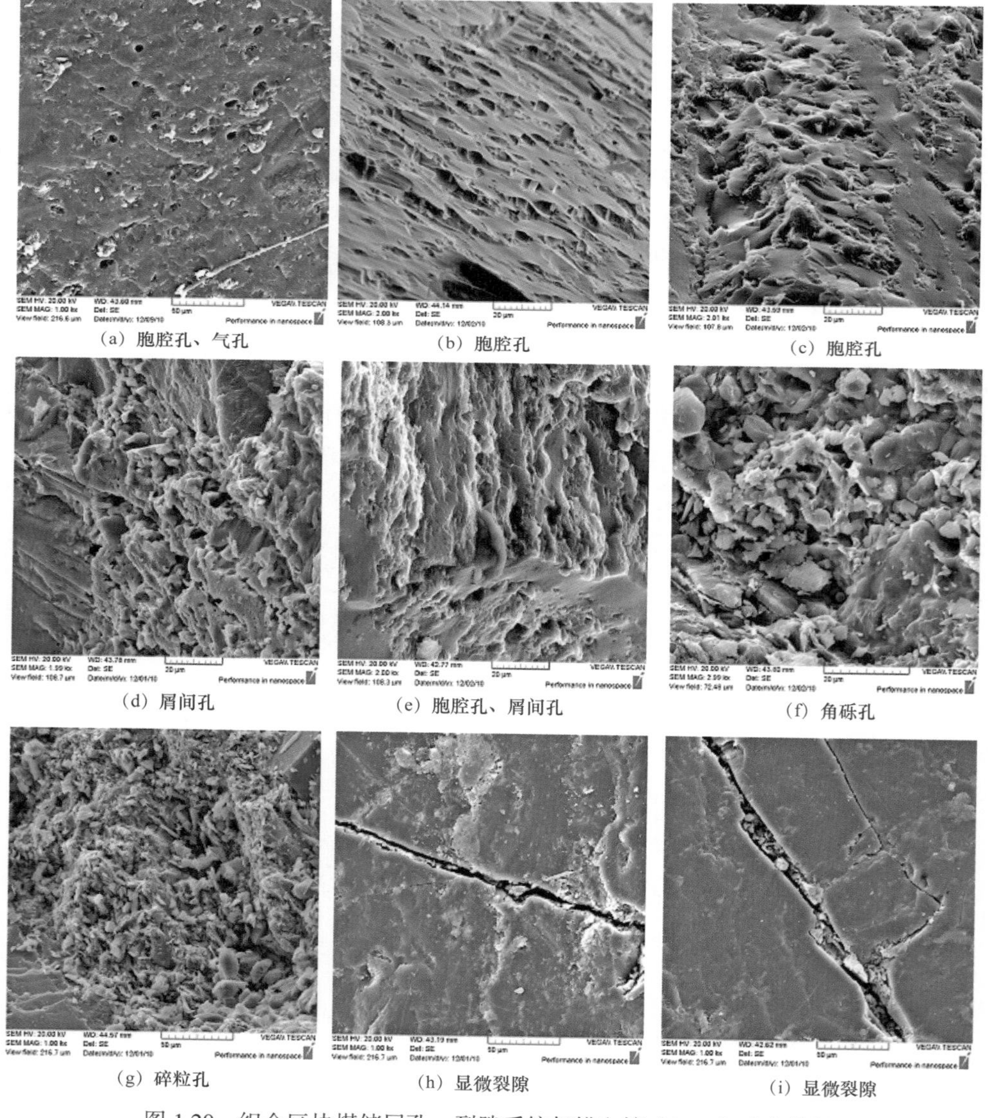

(a) 胞腔孔、气孔　(b) 胞腔孔　(c) 胞腔孔
(d) 屑间孔　(e) 胞腔孔、屑间孔　(f) 角砾孔
(g) 碎粒孔　(h) 显微裂隙　(i) 显微裂隙

图 1.20　织金区块煤储层孔、裂隙系统扫描电镜（SEM）观察特征

体［图1.20（b）（c）］，其空间连通性差，相互之间连通少；屑间孔也仅部分连通［图1.20（d）］，对煤储层渗透率贡献不大。织金地区煤层受构造破坏而形成的孔有角砾孔和碎粒孔：角砾呈直边尖角状，相互之间位移很小［图1.20（f）］；碎粒孔是煤受较严重的构造破坏而形成的碎粒之间的孔，碎粒之间有位移或滚动，碎粒孔易堵塞［图1.20（g）］，因此碎粒孔占优势的煤层，煤体破碎严重，影响煤储层渗透性。该区煤的变质程度较高以及后期强烈的构造作用使煤储层形成了大量的裂隙，尤其在存在断层的地区裂隙极为发育，这些裂隙普遍是开放型的，裂隙长度和宽度都较大［图1.20（h）］，仅部分裂隙被矿物充填［图1.20（i）］，这些裂隙的发育可能是造成织金区块个别样品渗透率较高的原因。

1.2.5 气藏温压条件

煤层气作为一种煤层自生自储形式存在的非常规天然气，通常在压力作用下，以物理吸附的形式存在于煤基质的内表面上，煤层异常压力是煤层气成藏和破坏的重要影响因素之一。对煤层气储层异常压力的形成机理、控制因素等问题的深入研究不仅可以为煤层气开发工艺、方式等提供有用信息，而且将为煤层气成藏机理、勘探选区、煤瓦斯突出预测提供理论依据。目前，3个不同次级构造的4口参数井5套煤层的测试数据显示煤储层压力梯度在0.54～1.09MPa/100m，平均0.85MPa/100m。根据煤田钻孔煤储层压力数据分析表明，织金区块煤储层压力梯度普遍小于静水压力梯度，按照压力系数0.9和1.1分别作为低压和高压的界限来看，该区煤储层主要以正常压系统为主，压力系统相对统一（图1.21）。

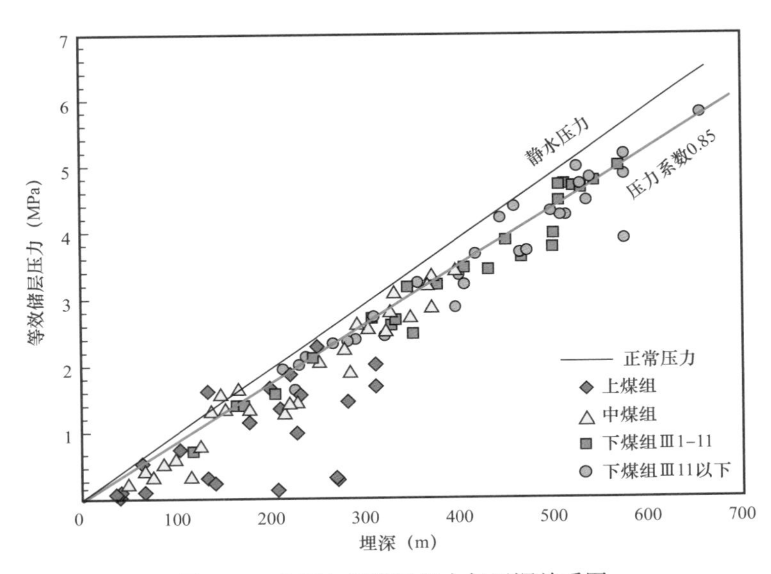

图1.21 珠藏向斜煤层压力与埋深关系图

地层温度是影响煤层吸附性乃至煤岩力学性质的重要因素之一。岩脚向斜地温梯度变化较大，煤矿五轮山勘查区地温梯度介于1.36～5.10℃/100m，平均3.34℃/100m；部分地带存在较高地温钻孔，400m深度地温高达38℃。煤矿中岭勘查区平均地温梯度2.84℃/100m，王家营青利勘查区区1.97℃/100m，坪山勘查区2.46℃/100m，肥田三号勘查区2.72℃/100m，肥田一号勘查区2.78℃/100m。总体上来看，岩脚向斜都在正常地温场范围内，珠藏次向斜、三塘次向斜和比德次向斜地温梯度在 2.8℃ /100m 左右，亦属于正常地温场（图 1.22）。

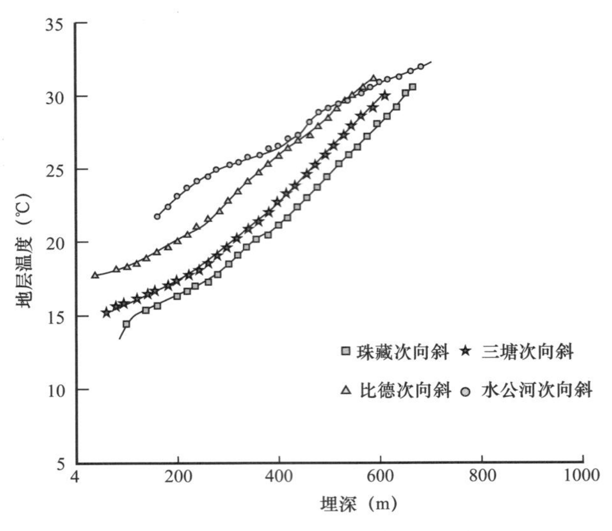

图 1.22　岩脚向斜地层温度与埋深关系图

1.3　近期煤层气勘探开发简况

自 2009 年起，中国石化华东油气分公司对织金—郎岱—安顺区块展开煤层气资源选区评价研究，并围绕该研究区进行勘探部署。本着多种非常规油气资源兼顾的原则，以煤层气评价为主，兼探其他非常规资源；以地层平缓区，构造稳定部位为参数评价重点，以多煤层为目的层位，取全取准各项评价参数为任务；在三个次级构造、向斜背斜两种构造部位、深浅两种埋深条件进行甩开勘探，整体部署，以期获得对比认识，探索南方地区构造稳定部位，煤岩变形适中地区，多煤层联合、多种非常规资源兼探的潜力。2009 年部署 3 口煤层气参数井和 254.33km 二维地震，获取了第一手煤层气评价参数，初步展现织金区块有利的煤层气地质条件和较好的勘探前景。

2010 年，按照落实产能、评价可采性的思路，对先后完钻的织 1 井、织 2 井和织 3 井开展深入反馈分析，针对获取的评价参数进行客观评价，并优选煤体结构较好的碎裂煤煤层，采取两层合压的方法开展压裂排采试验（目的层累厚分别为 3.15m 和 4.7m），均取得较好勘探效果。其中珠藏次向斜的织 2 井单井产量达到 $2800m^3$，连续排采 207 天累计产气 $34\times10^4m^3$，三塘次向斜织 3 井达到 $1173m^3$，证实研究区较好的煤层气勘探潜力。

2011 年着手提高单井产量，同时兼顾甩开勘探，部署实施 4 口探井、1 口特殊工艺井和 2 口已有参数井的多段分压合采工艺试验。其中，通过织 2 井和织 1 井多段分压合采，在 0.7～1.4m 的薄煤层中获得持续气流，显示研究区较薄煤层仍具备一定的产能潜力，多煤层合采能够实现纵向煤层的共同排水降压，为研究区继续探索提高单井产量提供了依据。甩开勘探的织 4 井、织 5 井、织 6 井和织 7 井已获取较好的参数数据，实现了面上有利地质条件的进一步扩展和突破区有利目标的进一步落实。

经过近4年多的勘探评价和单井排采试验，织金区块煤层气单井取得了单煤组合压合采、多煤组分压合采试验取得最大日产2800m^3，实现2000m^3/d稳产300天的好效果。为进一步落实面积泄压条件下单井的产能，落实井网、井距的适应性，实现面积降压，优化实现稳产的排采制度，以“Ⅲ煤组4个小层分压合采，Ⅰ+Ⅱ煤组作为后期接替层位”的总体思路，2013年以来的项目实施过程中完成一个实验井组10口井的部署工作。迄今，该井组5口井峰值产气量过2000×10^{4}m^3，最高达4805m^3/d；排采约1200d后，5口井平均单井产气量超1000m^3/d，10口井平均单井产气量为935m^3/d，整体呈现高产态势。

同时，为探索不同井型在织金区块的适用性，2013年区内部署了一口U形井（织2U1井），日产气峰值为5839m^3/d，排采1777d累计产气4787746m^3。2015年，本着“降低成本，高效开发”的原则，创新使用“J”形井型（织平1井）减少直井对接井，实现单井投资37.8%的降幅。目前，该井日产气3881m^3/d，井底流压0.85MPa，仍具备降压空间，具备长期稳产潜力。

第2章　煤层气成藏效应及其主控因素

沉积、构造、水文条件共同决定了煤层气的资源基础和产气能力。沉积作用控制了煤层气成藏的物质基础，在不同的沉积环境下，由于沉积条件的差异，可能形成不同的煤岩类型和煤层保存条件，在煤层的厚度、分布面积、煤岩物质构成等方面存在较大的差异。构造条件直接控制着煤层气的保存条件和储层物性，具体表现为构造应力对渗透率的影响及构造对煤体结构的破坏、断裂的发育、煤层气的保存逸散等。水文地质条件与构造联合控制着煤层气的保存条件，一般来说，滞留区地层水淋滤交换能力弱，有利于煤层气的保存，径流区地层水相对活跃，煤层气易散失。

在系统总结织金区块地质规律的基础上，结合排采动态资料，织金区块的煤层气富集成藏可以总结为：沉积控煤、高变质生烃、构造—水文联合控气。

2.1　沉积特征及其控制作用

2.1.1　煤系地层沉积相划分

2.1.1.1　沉积相标志及类型

本区晚二叠世期间为典型海陆过渡相环境，沉积环境以碎屑岩潮坪、三角洲、碳酸盐岩台地为主。

（1）岩心观察（图 2.1）。

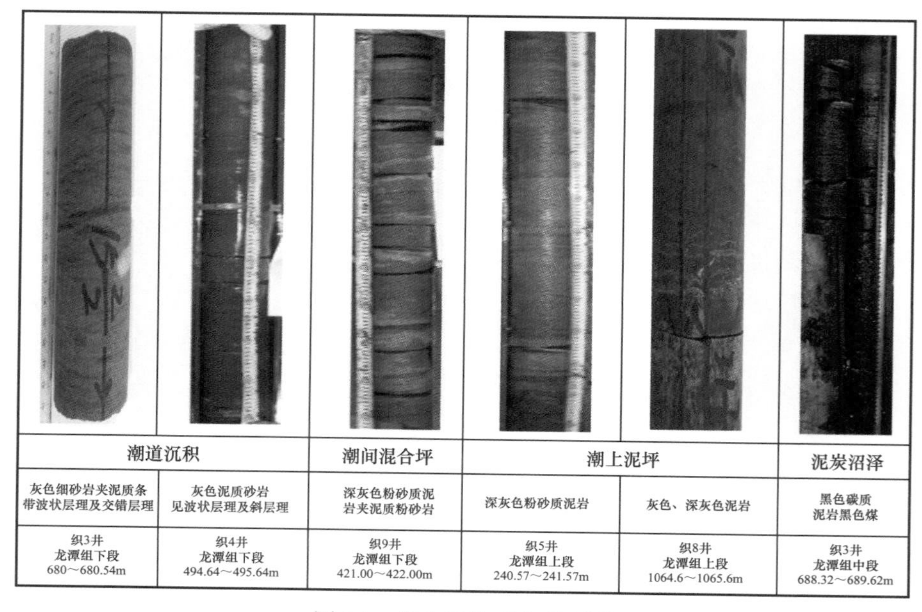

图 2.1　织金区块岩心观察图

取心井的岩心观察及薄片鉴定分析资料统计认为，织金区块珠藏次向斜龙潭组上段和下段岩性以泥质砂岩和泥岩为主，粉砂岩次之，为潮坪沉积，在龙潭组下段出现粉砂质白云岩可能与来自深部的岩浆热液作用有关。龙潭组中段岩性细砂岩比例升高，粉砂岩和泥质粉砂和粉砂质泥岩次之，主要为三角洲沉积。

泥岩颜色是判别沉积环境的重要标志之一。织金区块泥岩、砂岩的颜色以灰色为主，表现出弱还原环境。沉积构造是恢复古沉积环境的重要标志，它是沉积物沉积时水动力条件的直接反映，因此具有良好的指相性。根据岩心观察，本区煤层段的沉积构造以发育反映牵引流沉积机制的沉积构造为主，主要发育波状层理及水平层理等。

（2）测井相标志。

① 潮坪相（图 2.2）：龙潭组Ⅰ煤组和Ⅲ煤组地层主要为潮坪相沉积，是一种无障壁广海环境，可分为潮上泥坪、混合坪、潮道、泥炭沼泽微相。

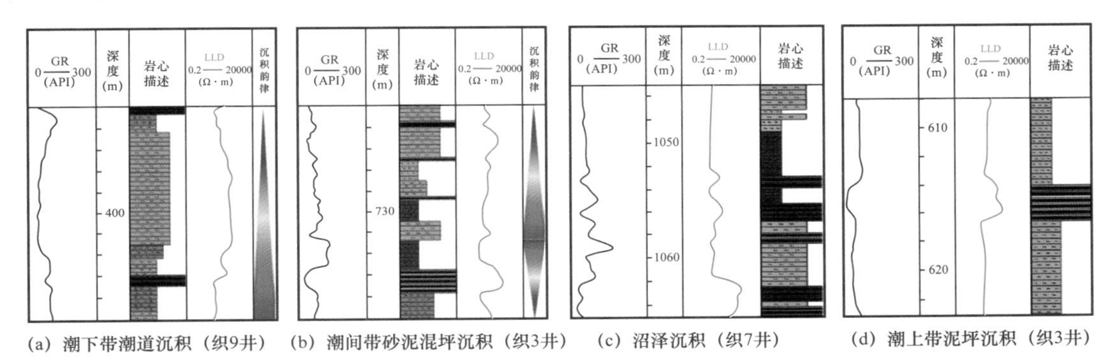

(a) 潮下带潮道沉积（织9井） (b) 潮间带砂泥混坪沉积（织3井） (c) 沼泽沉积（织7井） (d) 潮上带泥坪沉积（织3井）

图 2.2 织金区块潮坪主要沉积微相测井识别标识

潮上带主要为泥岩、砂质泥岩沉积，经常暴露大气中，被植物覆盖，测井曲线表现为低幅、近平直线形。

潮间混合坪主要为黑色薄层状泥岩，粉砂岩、细砂岩。典型的沉积构造为波状层理和透镜状层理以及砂、泥薄互层状的潮汐韵律层理等复合层理，测井曲线表现为中幅、齿化钟形为主。

潮道主要岩性为浅灰色中砂岩、细砂岩，中至厚层状，产腕足类、双壳类、腹足类及植物化石。底部为细砂岩、粉砂岩，向上与粉砂岩、砂质泥岩及泥岩，组成一套向上变细的正粒序，测井曲线多表现为高幅、光滑钟形—箱形。

泥炭沼泽颜色以黑—黑灰色的煤、碳质泥岩为主，煤层结构简单，一般无夹矸，为潮上带成煤。潮上带发育的泥炭沼泽环境发育的煤层不稳定，且煤层较薄，受海水频繁振动影响较大。

② 三角洲相（图 2.3）：Ⅱ煤组地层主要发育三角洲相，包括水下分支河道、分支河道间、河口坝、滨岸沼泽等微相类型，其中煤层属于滨岸沼泽环境中的沉积产物。

分支河道微相以细砂沉积为主，在累积概率曲线上具两段式，分选较好。具明显的底部冲刷充填构造和大型的单向水流层理，如大型槽状交错层理等，化石很少。自然伽马曲线多为钟形，垂向上为正韵律特征；分支河道间微相以粉砂质泥岩、泥岩为主，多发育块状层理，主要位于河道附近区域，并夹有砂质条带，一般为溢岸沉积物，自然伽马曲线较为平直、微齿状；湖泊沼泽微相位于三角洲平原河道间的低洼区，植物繁盛，排水不良，

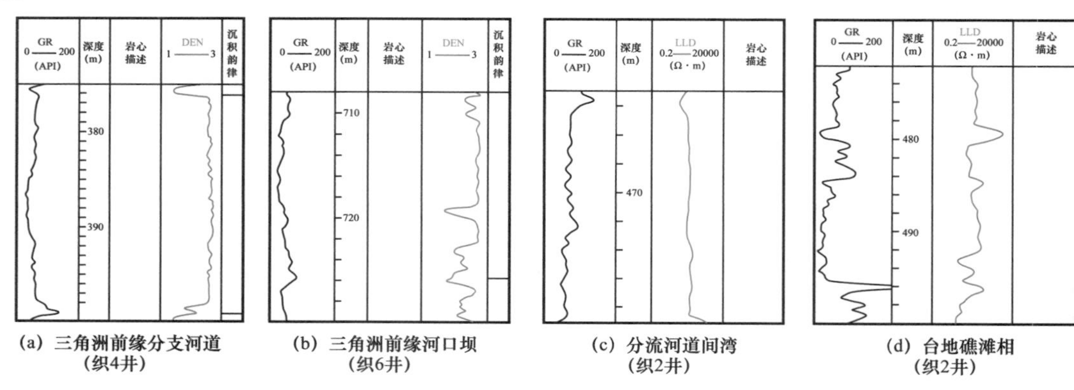

(a) 三角洲前缘分支河道（织4井）　(b) 三角洲前缘河口坝（织6井）　(c) 分流河道间湾（织2井）　(d) 台地礁滩相（织2井）

图 2.3　织金区块三角洲及台地沉积微相

为一停滞的还原环境，沉积物主要为暗色有机质黏土、泥炭、褐煤，夹有一些泥沙透镜体，自然伽马曲线呈平行泥岩基线的平直段。龙潭组中段Ⅱ煤组发育煤层位于湖泊沼泽及分支河道间沉积环境。

此外，发育在开阔台地之上的潮上环境也具备有利成煤环境，碳酸盐岩台地形成在碳酸盐潮上带总体变浅的过程中，垂向层序呈现出煤层直接底板为薄层钙质页岩，间接底板为生屑灰岩。这类煤层只形成于短暂海退期出现碳酸盐岩台地之上潮上环境，煤层层数少且薄，聚煤量较小。

2.1.1.2　单井沉积相划分

织金区块龙潭组属三角洲—潮坪沉积体系，受龙潭组沉积期海水进退控制，纵向上呈现潮坪、三角洲、潮坪的叠置，不同次级构造单元之间存在一定变化。

（1）岩脚向斜织 2 井（图 2.4）。

龙潭组下段（即 SQ1—SQ2 的 HST 早期），该段以细粒沉积为特征，测井曲线呈现低幅锯齿状特征，岩性主要有铝土质泥岩、粉砂质泥岩、泥质粉砂岩、菱铁质泥岩、多套薄煤层及底部灰岩等，发育水平层理、波状层理及砂泥薄互层层理，代表低能还原环境。煤层夹矸或煤层本身含化石并具较高的 Sr/Ba 和 B/Ga 比值，海相地化特征明显，该段地层为局限台地上的潟湖、沼泽沉积。

龙潭组中上段至上段下部（即 SQ2 的晚期—SQ4 的早期），该段表现为明显潮控三角洲特征的，岩性以粉砂岩、泥岩互层及中厚层砂岩主，夹 10 多套煤层；中厚层砂岩测井曲线为典型的箱形特征，部分呈现钟形特征，发育交错层理，为潮汐水道沉积。厚层粉砂岩发育波状层理，夹泥质条带，含植物化石碎片，为潮汐沙坝沉积。粉砂岩、泥质粉砂岩、泥岩互层段在该段较发育，纵向上大套连续，发育波状层理、水平层理及脉状、透镜状层理，测井曲线呈锯齿状，反映较高的泥质含量，为潮间砂泥混合坪沉积，泥坪或泥炭沼泽沉积穿插于砂泥混合坪沉积之间，发育煤层及碳质泥岩。

龙潭组上段上部（SQ4 的大部分），该段逐渐反映长兴阶海侵的特征，但表现为渐进旋回式，为典型的潮坪砂泥混合坪沉积，并穿插薄层砂坪和局限台地沉积，潮汐水道不发育，岩性以粉砂岩、泥岩互层为主，夹薄层煤层、砂岩和石灰岩，至龙潭组顶部石灰岩发育，主要为标二、标三、标四等 4～6 层石灰岩。

（2）黔西向斜织 1 井（图 2.5）。

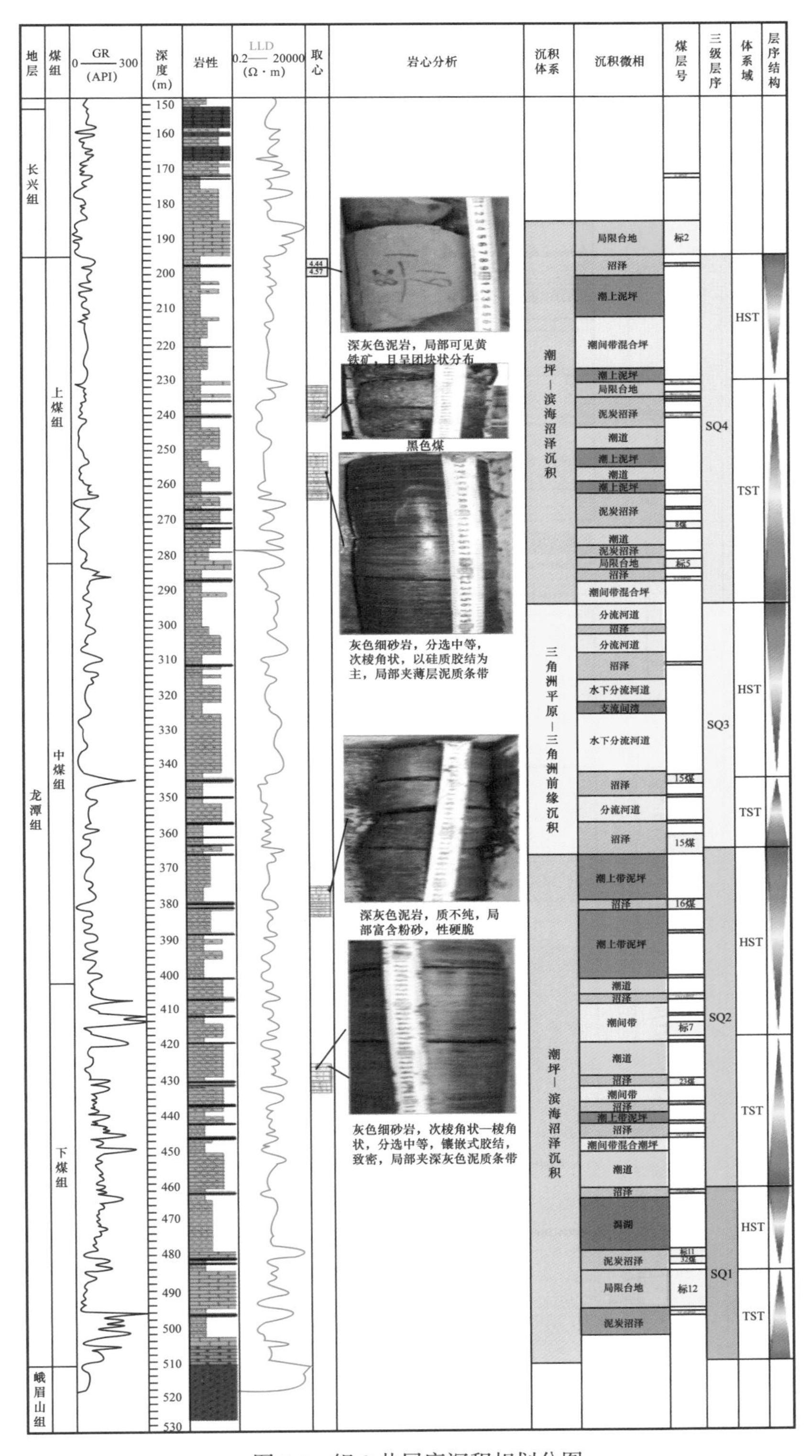

图 2.4　织 2 井层序沉积相划分图

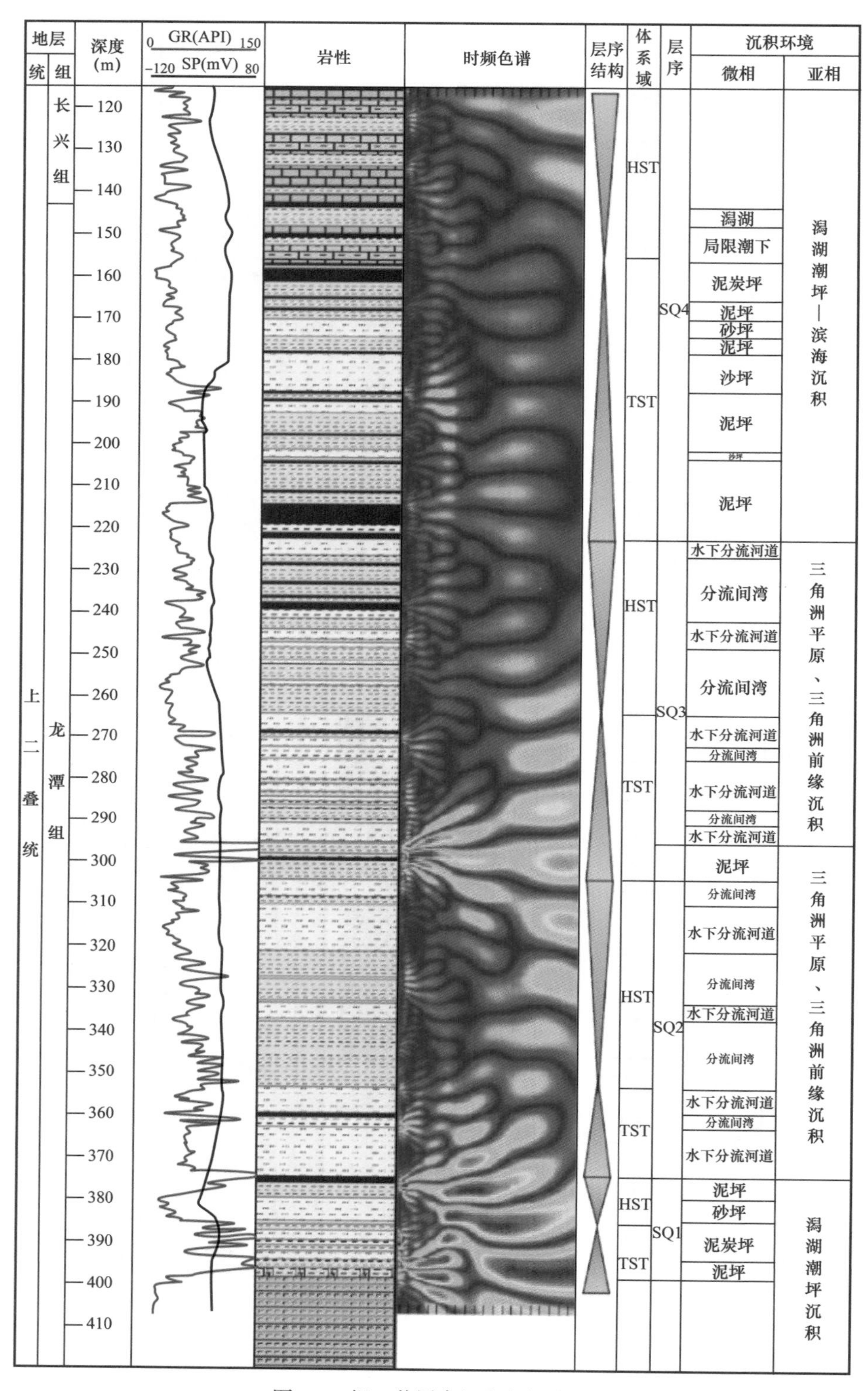

图 2.5　织 1 井层序沉积相划分图

龙潭组下段（即SQ1—SQ2的HST早期），该段测井曲线呈现低幅锯齿状特征，岩性主要由灰黑色碳质泥岩，灰色—灰黑色细砂岩，多套薄煤层及底部的一套薄层灰色铝土岩，发育水平层理、水平波状层理，代表低能还原环境。沉积环境为海陆过渡相，潟湖潮坪—滨海沉积亚相，发育多套煤层。

龙潭组中上段至上段下部（即SQ2的晚期—SQ4的早期），该段测井曲线呈现低幅平直/微齿化或低幅偶见中低幅指形尖峰，岩性主要以灰色泥岩、灰黑色碳质泥岩、灰色细砂岩，夹有多套煤层，常发育透镜状层理、交错层理、波状层理可见生物扰动构造。沉积环境为三角洲平原—三角洲前缘亚相。

上段上部（SQ4的大部分），该段逐渐反映长兴阶海侵的特征，但表现为渐进旋回式，为典型的潮坪砂泥混合坪沉积，并穿插薄层砂坪和局限台地沉积，潮汐水道不发育，测井曲线为中低幅，岩性以灰色砂岩、灰色—灰黑色泥岩互层为主，夹多套煤层，至龙潭组顶部发育多套标志层石灰岩。

2.1.1.3 沉积相连井剖面

针对织金区块岩脚向斜龙潭组连井相分析研究，是分析沉积相垂向展布特征与演化的基础；在单井沉积相分析的基础上，结合已有地质资料，对织金区块地区的龙潭组沉积环境开展分析研究。建立了一条为西东走向的连井剖面，对织金区块龙潭组地层西东走向沉积相展布规律进行研究（图2.6）。由沉积剖面可知，该区沉积相为海陆过渡相沉积主体，包括属三角洲—潮坪沉积体系，三角洲主要包括水下分流河道、分流间湾等；潟湖潮坪相沉积主要包泥炭坪、泥坪、泥炭沼泽、潮间带、潮道、局限台地。

龙潭组下段：西部主要发育潮坪沉积环境，岩性以灰黑色碳质泥岩，灰色—灰黑色细砂岩为主，发育多套薄煤层，为泥坪沉积而成；东部为局限台地上的潟湖、沼泽沉积。

龙潭组中段：西部河流作用增强，主要发育三角洲平原—三角洲前缘沉积环境，岩性主要以灰色泥岩、灰黑色碳质泥岩、灰色细砂岩为主，夹有多套煤层，为水下分流间湾沉积而成，东部为局限台地上的潟湖、沼泽沉积。

龙潭组上段：西部随着长兴阶海侵作用，河流作用减弱，主要发育潮坪沉积环境，岩性以灰色砂岩、灰色—灰黑色泥岩互层为主，夹多套煤层；东部逐渐有潮坪沉积环境向局限台地上的潟湖、沼泽沉积转换。

2.1.1.4 沉积相平面展布特征

在单井、连井剖面分析的基础上，结合各层段地层厚度、砂岩厚度等，对织金区块晚二叠系龙潭组进行了平面沉积微相编图，并绘制出上煤组、中煤组、下煤组沉积模式图。研究表明，研究区发育的沉积环境主要为海陆过渡相沉积，沉积物源主要来自西部山区，东部发育为海相碳酸盐台地沉积。晚二叠系龙潭组沉积期海平面总体稳定，是中国南方重要的聚煤期，但低级别海平面振荡频繁，煤层具有层数多、累计厚度大的总体特点。织金区块龙潭组属三角洲—潮坪沉积体系。受龙潭组沉积期海水进退控制，纵向上呈现潮坪、三角洲、潮坪的叠置。

龙潭组下段（图2.7）：沉积环境较为稳定，发育海陆过渡相沉积。其中东部距海面较近，发育为滨外沉积相。向北西部水体变浅，发育以深灰色泥岩为主的潟湖—潮坪相。北西区域靠近物源区，沉积粒度变粗，发育为三角洲相的砂岩沉积，但沉积规模较小。

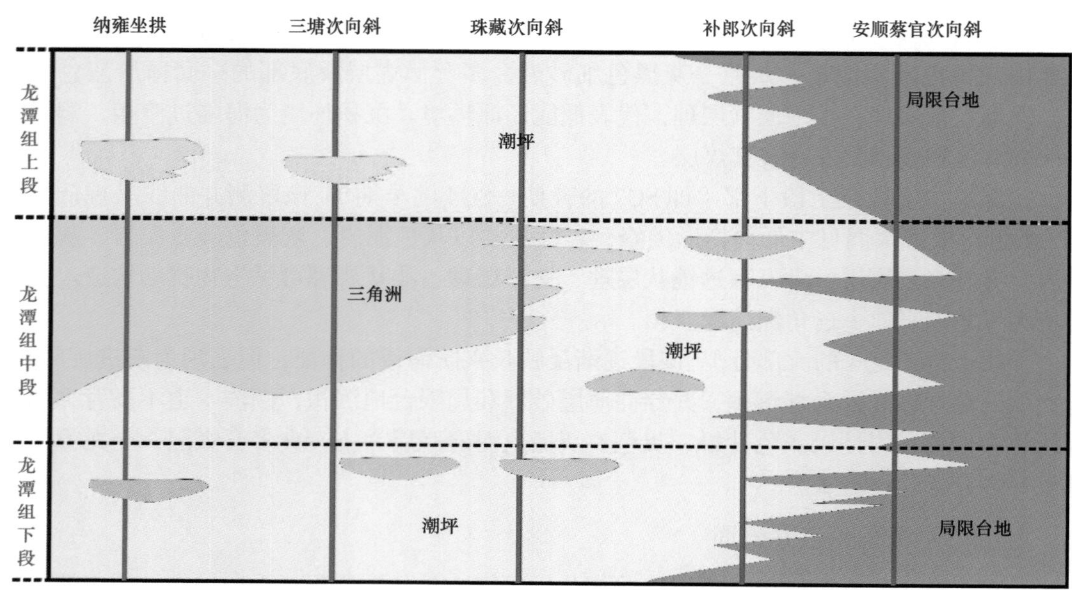

图 2.6　岩脚向斜龙潭组沉积相分布图

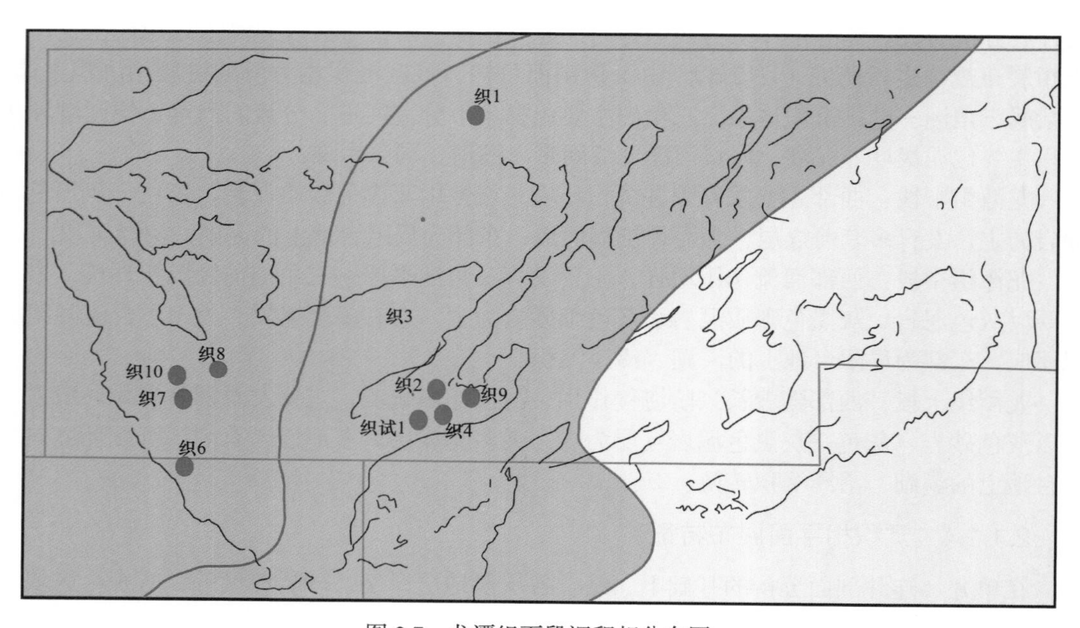

图 2.7　龙潭组下段沉积相分布图

龙潭组中段（图 2.8）：为海退时期，最大海泛面减小，三角洲朵体整体向东迁移。南部边缘地区小面积滨外沉积相转变为潟湖—潮坪相，东部边缘地区滨外相规模无明显变化。浅水区发育的潟湖—潮坪相向东迁移，在靠近物源区的北区区域，三角洲相沉积发育，向东南延伸较远。

龙潭组上段（图 2.9）：为海进时期，水体向西涌进。东南区域发育厚层的石灰岩，主要为局限台地相沉积。向西北区域，水体变浅，沉积相向陆相转变，主要为潟湖—潮坪相。局限台地较龙潭组下段整体向西迁移。

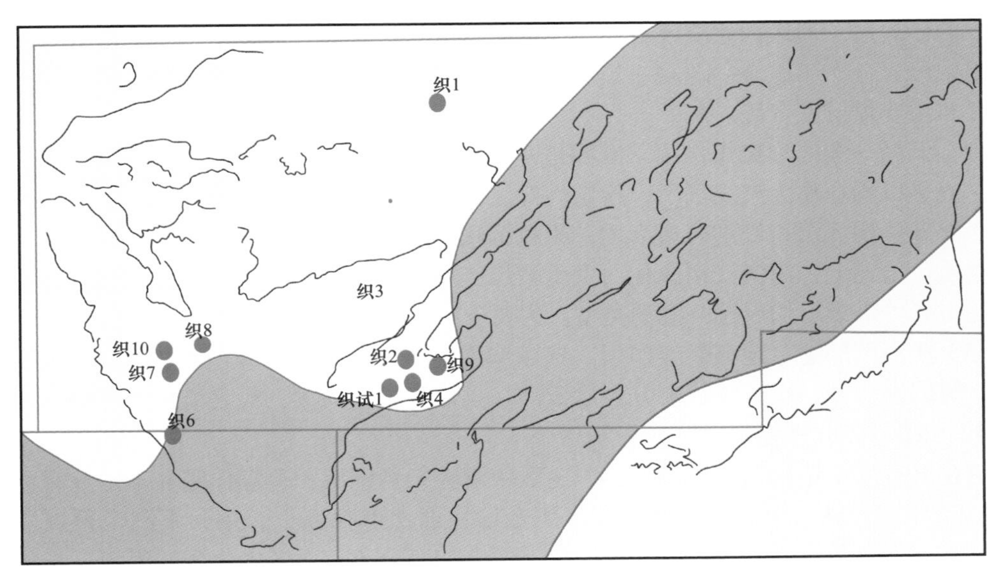

图 2.8　龙潭组中段沉积相分布图

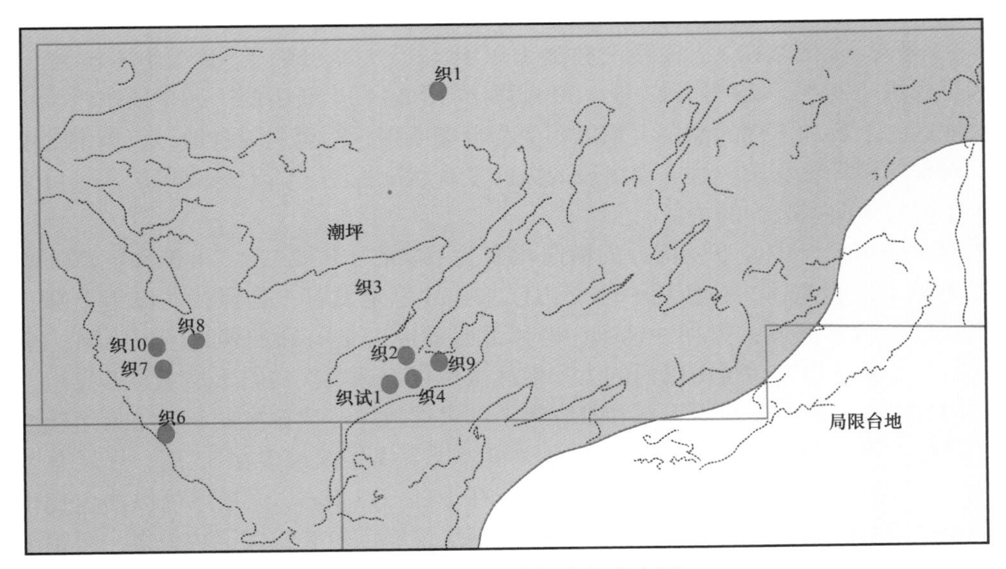

图 2.9　龙潭组下段沉积相分布图

2.1.2　沉积聚煤作用

研究区处于三角洲和潮坪相带，东南侧逐渐向潮下—局限台地沉积过渡。从黔西地区整体来看，煤层层数、可采煤层层数、厚度自西向东减少。研究区龙潭组纵向上由潮坪、三角洲、潮坪三大沉积段叠置，其中，上部和下部向东南方向相变为浅潮下或局限台地，中部沉积段则由三角洲向潮坪，并进一步在轿子山—下坝东南向浅潮下—局限台地相过渡。研究区不同含煤构造内共存在三类沉积相聚煤作用：

（1）三角洲—潮坪型聚煤作用。三角洲平原成煤是黔西地区晚二叠世最主要的成煤类型分布广，尤其是上三角洲平原及其过渡三角洲平原煤层多，厚度大，稳定性好，并常有较厚的砂岩层。但区内主要发育潮控下三角洲平原，属三角洲水下的主体部分，发育在龙潭组中段，分布于织金—珠藏—黑塘以西北，现有资料显示该沉积段内可采煤层少甚至无，并非主要煤层发育段。

（2）潟湖—潮坪型聚煤作用。潮坪是晚二叠世较常见的成煤类型，潟湖见于龙潭组底部。一般是以潮坪作为聚煤场所，稳定性好，比较连续，平行于岸线展布，结构一般比较简单，潟湖—潮坪沉积以细碎屑为主，粗粒沉积物少见，潮坪在向陆方向上常与三角洲相邻，物质供给充分，因淤浅沼泽化而发生聚煤作用。通常煤层分布范围较广。研究区内龙潭组的主要可采煤层均属这一沉积类型。主要分布于仁怀地区。

（3）浅海碳酸盐台地型聚煤作用。聚煤作用主要发育于碳酸盐台地变浅的局限台地潮坪上。煤层发育差，层数少，硫分含量极高，且以有机硫为主。代表海相的成煤环境。主要分布于安顺和郎岱地区。

结合已有煤田钻孔数据的证实，织金区块潮控三角洲沉积聚煤作用并不十分有利，主要的成煤环境为纵向上的潮坪沉积段。织金区块西北部存在上、中、下三个聚煤段（潮坪、过渡三角洲平原、潮坪）可采煤层自下而上均有分布；而区内化乐—黑塘—新华—三塘东南侧—阿弓南部—珠藏一带中部潮控下三角洲平原沉积段可采煤层不发育，纵向发育上、下两个聚煤段，如比德次向斜Ⅰ煤组（2号、3号、5号、6号煤层）和Ⅲ煤组（30号、32号、33号煤）（图2.10）；珠藏次向斜Ⅰ煤组（6号、7号煤），Ⅱ煤组（16号、17号煤）和Ⅲ煤组（20号、23号、27号、30号煤）（图2.11）。新店西—新华以东轿子山以西的大片地区，上部和下部的潮坪沉积以相变为近潮下带，甚至局限台地，仅剩中部由三角洲相变而来的潮坪聚煤段。这一聚煤段的纵向发育状况控制了研究区煤层层数、可采煤层层数、厚度自西向东减少的特征。

根据龙潭组上、中、下三部分的横向相变关系来看（图2.12），上部和下部的潮坪沉积构成龙潭组沉积主体，在新店—轿子山以东连片稳定发育，是寻找龙潭组上部、下部有利聚煤段的目标区域；三坝—纳雍中岭以北是研究区最有利的聚煤区，纵向三个聚煤段；新店西—新华以东轿子山以西的大片地区虽然煤层珠藏次向斜Ⅰ煤组、Ⅱ煤组、Ⅲ煤组煤层均有发育，但以Ⅱ煤组下部和Ⅲ煤组上部煤层较厚。比德次向斜以Ⅰ煤组较厚，三塘以Ⅰ煤组和Ⅱ煤组较厚。珠藏次向斜龙潭组煤层含煤层数最多在35层，煤层总厚度在22.3～24m，可采煤层数达到10层，可采厚度在10.5～13.48m。煤层厚度纵向上变化规律是受沉积作用控制的，在潮坪—沼泽沉积体系下煤层厚度较大，煤层数较多，间距小，累计厚度较大。煤层厚度越大，达到中值浓度或者扩散终止所需要的时间就越长，对煤层气保存就越有利。位于最大海泛面附近6号煤、14号煤、20号煤厚度相对较大，与含气量纵向变化呈现一定的正相关性，其中20号煤层附近煤层较稳定，煤层层数多、间距小，为勘探开发的优选层。

2.1.3 顶底板组合关系及其控气作用

2.1.3.1 区域顶底板

珠藏次向斜龙潭组区域顶底板稳定，龙潭组顶部泥岩厚度为3～6m，能起到良好的封盖作用，龙潭组底部峨眉山玄武岩厚度在100m左右，能起到良好的隔水层作用，稳定的区域顶底板形成了珠藏次向斜独立、完整的水文地质单元，保存条件较好（图2.13）。

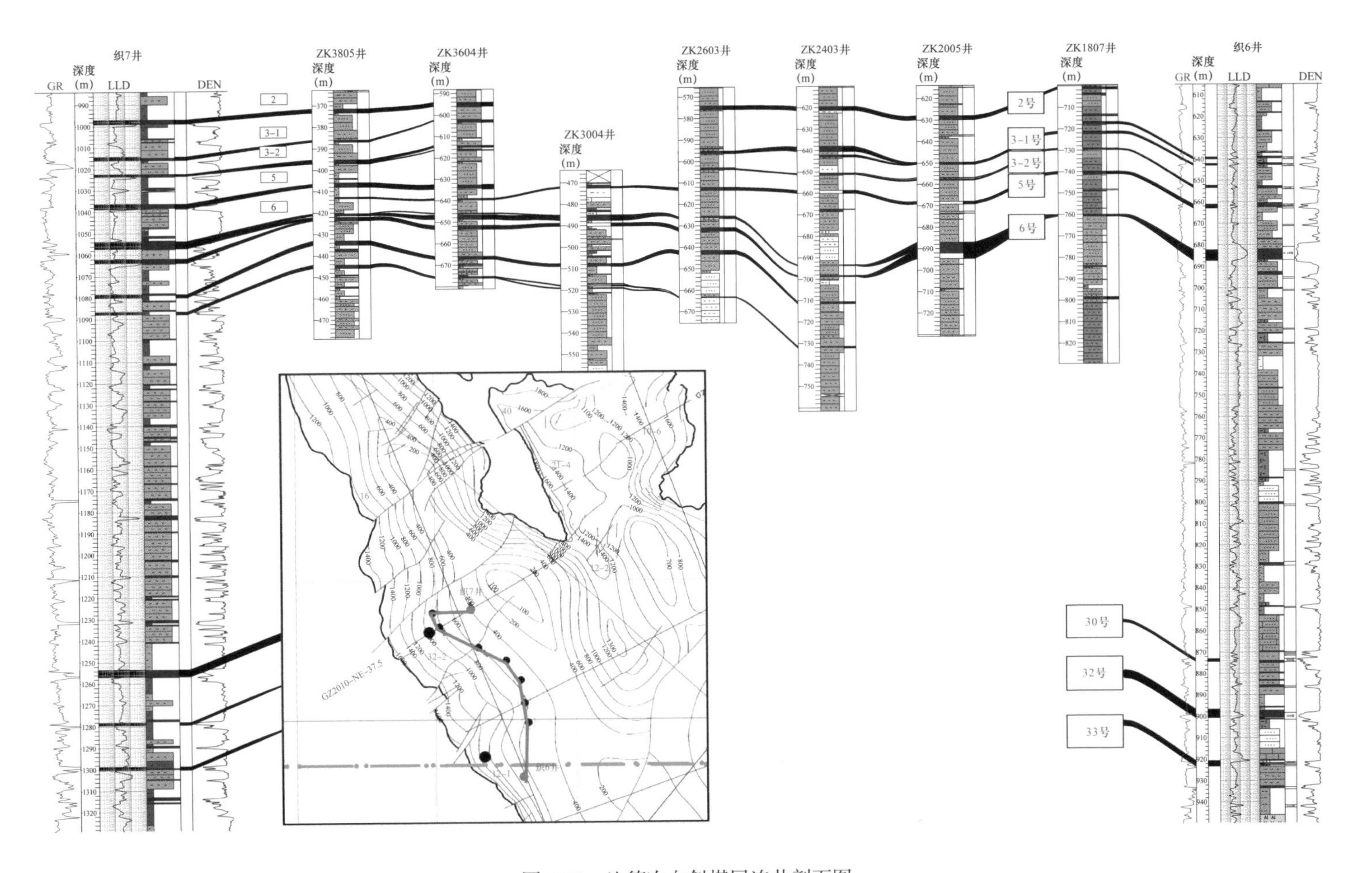

图 2.10 比德次向斜煤层连井剖面图

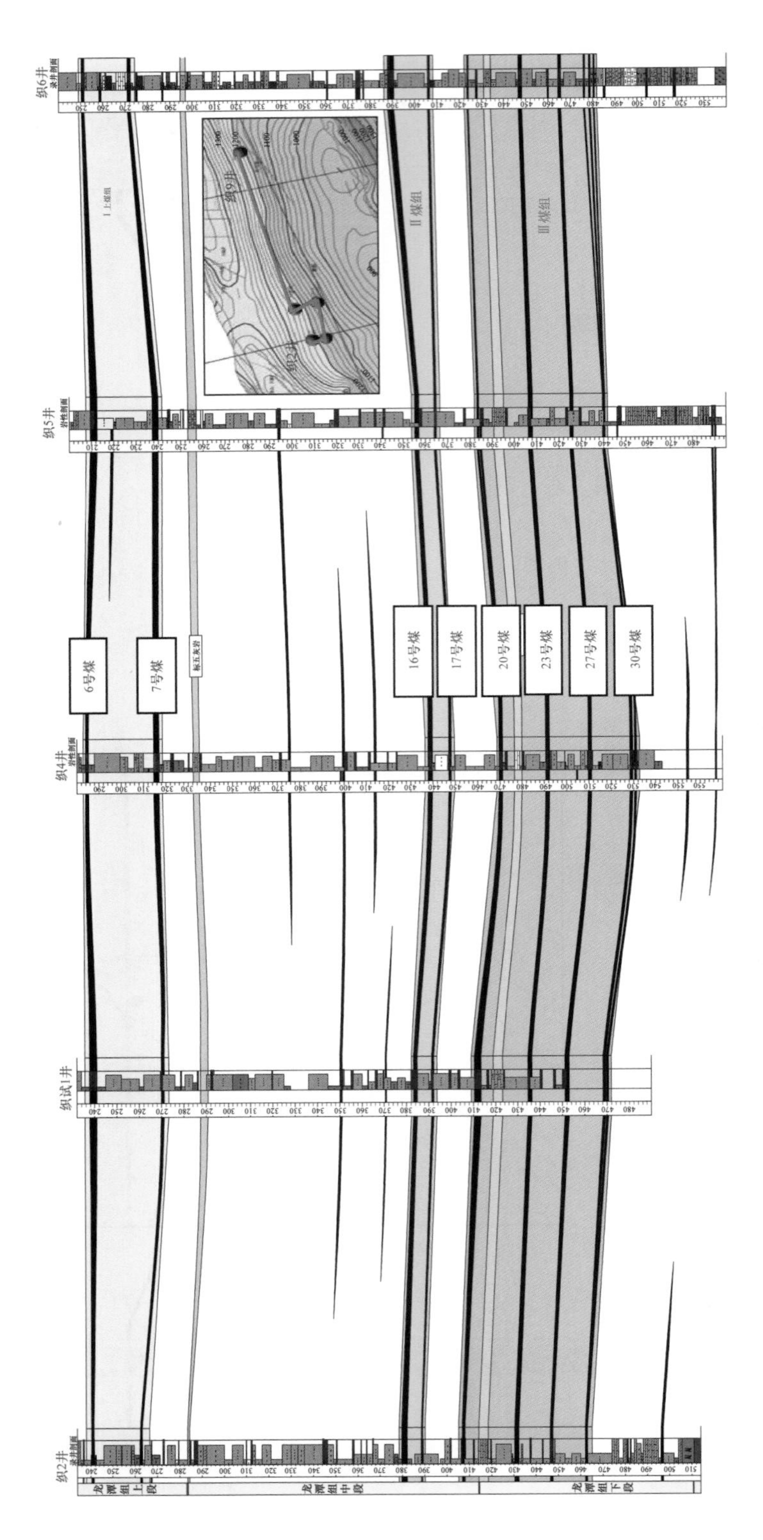

图 2.11　珠藏次向斜煤层连剖面图

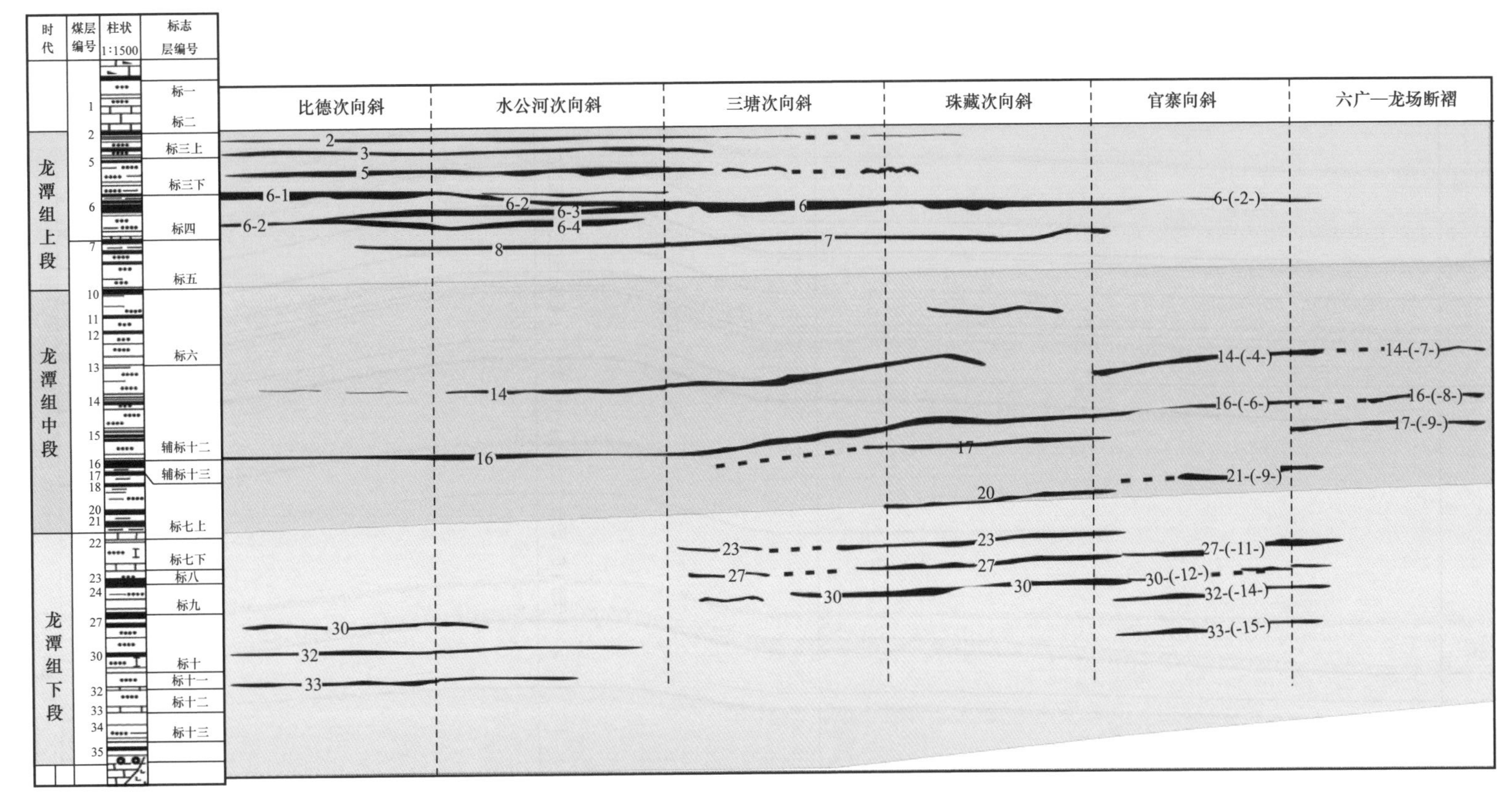

图 2.12 织金区块沉积控煤模式图

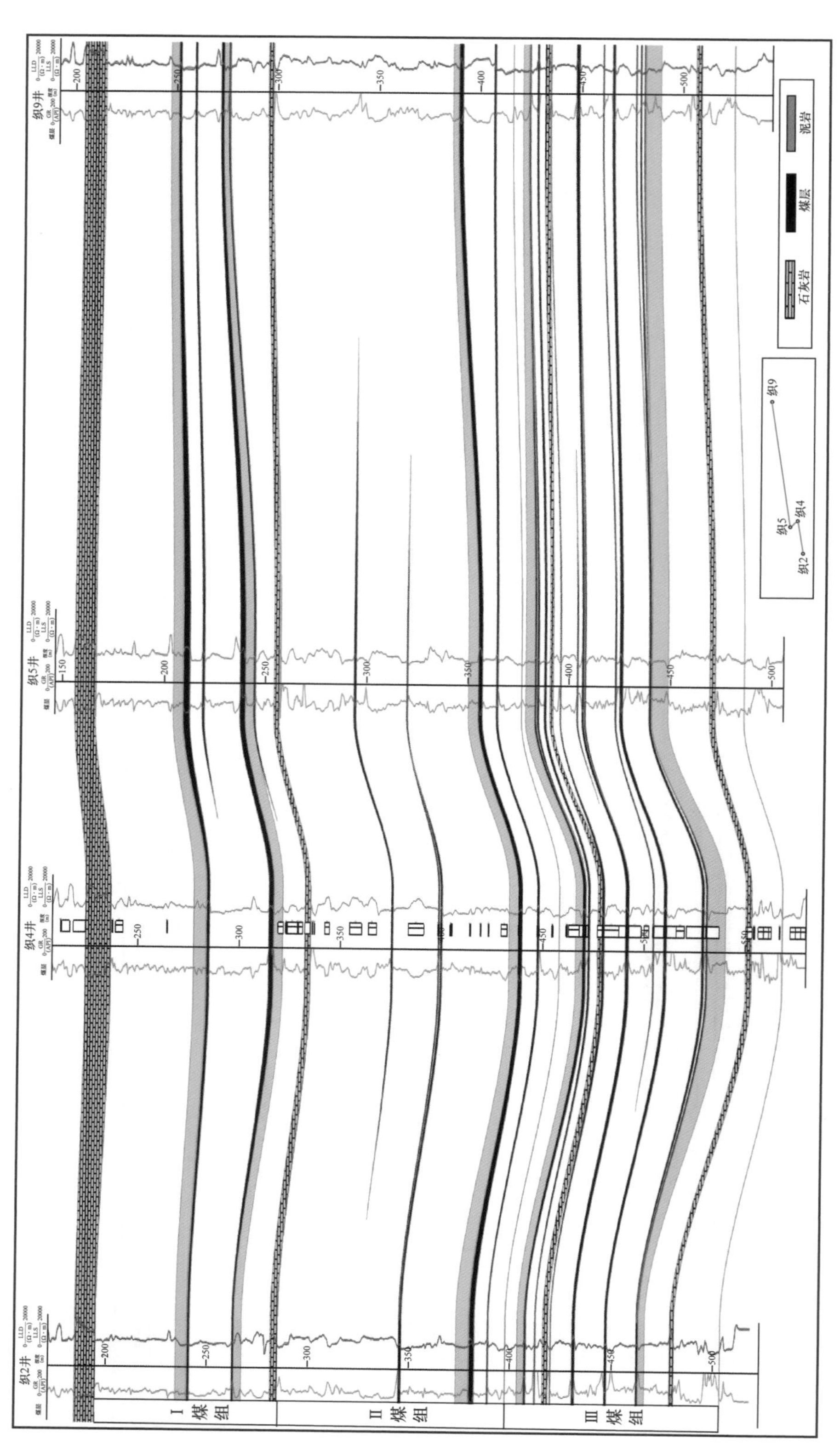

图 2.13 珠藏次向斜主力煤层顶底板连井剖面

2.1.3.2 直接顶底板

研究区主要可采煤层发育在潮坪沉积环境，以混合坪—泥坪—泥炭沼泽沉积组合为主，形成较好的围岩封闭。珠藏次向斜龙潭组Ⅰ煤组、Ⅱ煤组、Ⅲ煤组的主力煤层的直接顶板均为泥岩，厚度在2～6m，对3套主力煤层能起到有效的封盖作用。研究区西北部的三塘次向斜北部以及纳雍中岭地区，发育过渡带三角洲平原沉积，部分煤层被分流河道终止，形成河道砂岩顶板，对煤层气保存不利。研究区东南部的局限台地成煤环境，煤层发育在低海平面期，聚煤作用往往被接下来的海侵终止，煤层顶板较多出现石灰岩，不利于煤层气保存（图2.14）。

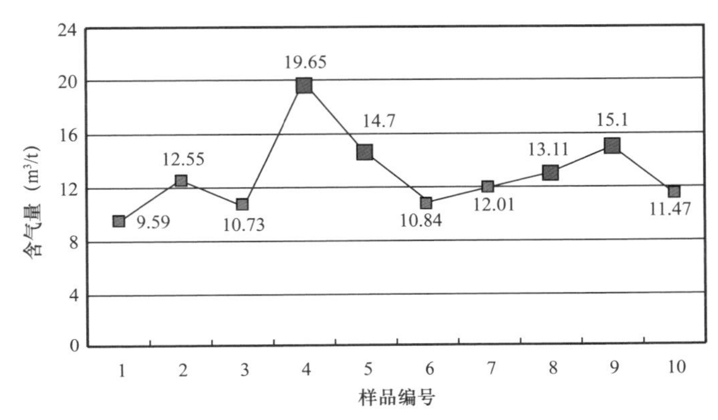

图2.14 含气量与顶底板岩性关系

（三塘次向斜三坝矿区实测含气量资料，图中红色指示煤层顶板为砂岩或石灰岩）

2.2 构造对煤层气藏的控制作用

构造变形及其衍生出的断裂对煤层含气性（保存条件）、煤体破碎程度和煤储层物性有较大影响，不同性质、不同类型的构造对煤层气的生成、运移和保存具有不同的控制作用。整体上，研究区处于弱变形区，断裂相对不发育，含煤构造多自成完整的系统，利于煤层气的保存。此外，区域构造演化及其构造发育特征对研究区水文地质条件具有显著的控制作用，构造发育的差异性控制了区域水文地质边界及不同区域水文地质特征。由于不同位置构造和水文地质特征的差异，煤层含气量的分布差异较大。

2.2.1 构造演化主导生烃过程

在构造作用下，黔西地区上二叠统煤层共经历了两期沉降埋藏、两期抬升剥蚀和多期生烃作用（图2.15）。T1-2和J1-2各发生一期沉降埋藏，T3和K2-Q各发生一期剥蚀，三期生烃作用分别发生在T1-2，J2和K1期间。生烃期次差异主要为是否存在第三期生烃作用，燕山中期构造—热事件致使煤层在深成变质作用基础上叠加了区域岩浆热变质作用，煤阶进一步升高，并且在褶皱作用下成藏过程发生明显的分异，向斜部位埋深大，大多经历了第三期生烃作用，在靠近线状紧闭背斜的向斜翼部埋深小，没有再次生烃，但分布局限。上二叠统煤层气藏过程还经历了多次散失作用，包括印支晚期的扩散散失作用、燕山中期的盖层突破式散失作用和喜马拉雅期的扩散散失和渗流散失作用。

构造控制下的煤层气成藏特征主要表现在：（1）煤层气主要赋存在断块内部的开阔向斜中，具有向斜控气特征；（2）中新生代构造抬升幅度大，煤层气藏埋深小；（3）多期生烃作用，含气量高；（4）煤储层物性变化大，受煤阶控制显著；（5）构造—热事件有效地改善了煤储层物性特征；（6）成藏过程复杂且分异明显。燕山中期是黔西地区煤层气成藏的关键时期，在构造—热事件影响下，上二叠统煤层再次生烃，产生大量的热成因气，所以尽管散失作用强烈，但是现今煤层含气量仍然很高。由于温度和含气量的迅速增加，流体孔隙压力在短时间内迅速增大，产生大量的热变气孔和显微裂隙，由于距今时间短，孔裂隙闭合程度低，大大改善了现今煤储层的渗流性和吸附性。

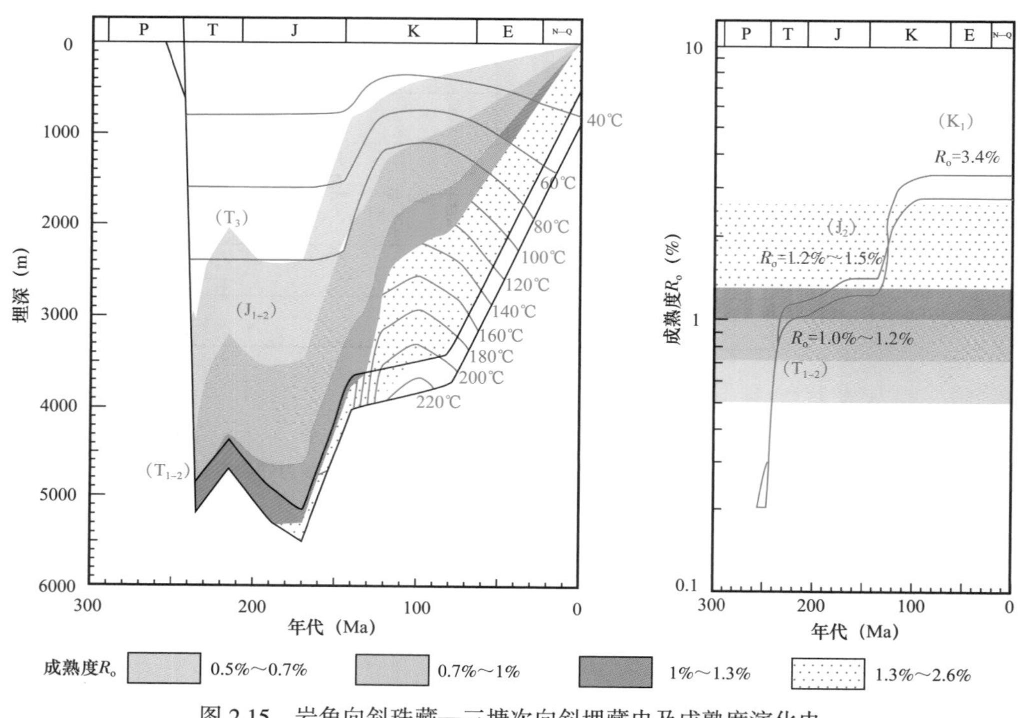

图 2.15　岩角向斜珠藏—三塘次向斜埋藏史及成熟度演化史

2.2.2　构造类型影响煤层气保存

织金区块因受紫云—垭都古断裂的影响和控制，形成了一组与之平行背斜紧闭 / 向斜开阔的北西向构造带，主要煤层都赋存于相间排列的向斜构造中。燕山运动晚期，一系列东西向的平移断层发生，横向切割向斜，使含煤地层发生明显位移，构成了井田（勘探区）边界，此外，发育了一组北东向的正、逆断层，但各向斜形态基本保存完整，给煤层气的保存提供了良好的条件。

（1）断裂。

断裂构造对煤层含气性的影响虽然是局部的，但仍可在断裂带附近的一定范围内，造成煤层含气量降低，导致含气性变差。在喜马拉雅运动影响强烈的含煤区，断层的大量发育是影响煤层气保存的重要因素之一。断层的切割和由此而引起的煤层气散失，不仅能造成局部地区煤层含气量降低，而且导致煤层含气性的复杂化，增加勘探难度。因此，断裂构造大量发育的含煤区为煤层气保存条件相对不利的地区。断层、断裂带被在钙质、泥质胶结的砂岩充填，其导水性、导气性较差，总的来说对含气性影响不大，但在正断层发育地区，由于正断层为张性断裂，为煤层气的逸出提供了通道，使得煤层气含量减少。如阿弓次向斜文家坝勘探区16号煤层1035号钻孔，受断层影响，该孔煤层气含量为6.99m³/t，埋深为262.20m，紧邻该孔的1065号钻孔，由于受两条逆断层的影响，在挤压应力的作用下，有利于煤层气的保存，煤层气含量较高为21.91m³/t（图2.16）。

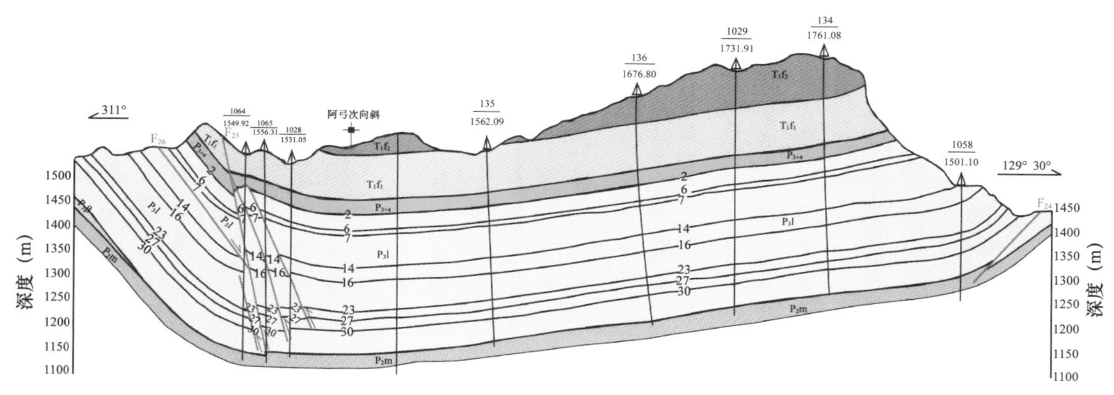

图2.16　阿弓向斜文家坝勘探区断层对含气量的影响

（2）向斜构造。

研究区向斜两翼的煤层气含气量由边缘向中部逐渐增高（图2.16），且各赋煤单元多为不对称向斜，在倾角较陡的一翼发育逆断层，导致倾角陡的一翼含气量好于缓的一翼，如阿弓向斜文家坝南段勘探区的4号线较陡一翼的1065号钻孔，6号煤层埋深126.28m，含气量为14.44m³/t，16号煤层埋深258.84m，含气量为21.91m³/t（图2.17），在缓的一翼的136号孔，6号煤层埋深216.60m，含气量为10.94m³/t，较陡的一翼小。珠藏向斜和三塘向斜亦是如此。

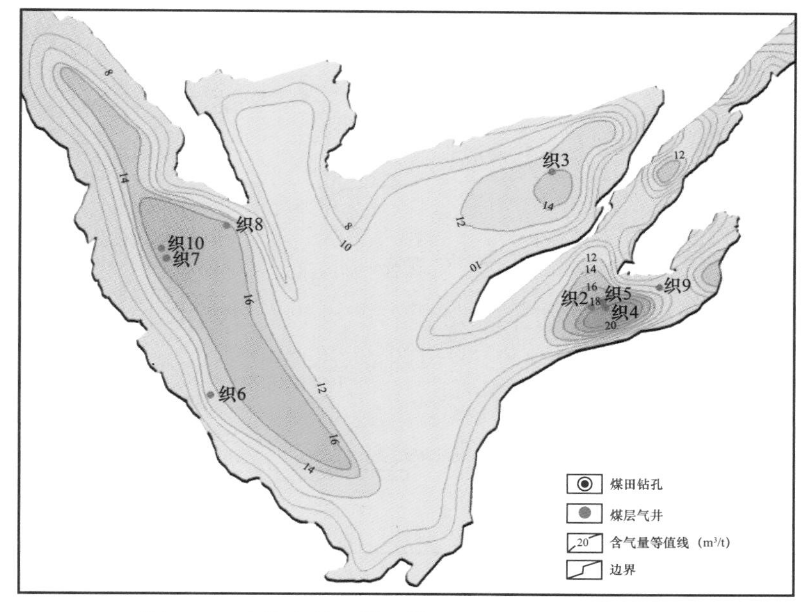

图2.17　岩脚向斜Ⅲ煤组煤层平均含气量等值线图

（3）背斜构造。

一般不利于煤层气的保存，背斜顶部发育张性裂隙，形成气体逸散运移的通道，故背斜轴部含气性往往较差，而向两翼和倾伏端方向含气性较好。如珠藏次向斜肥田一号勘探区的北部，发育一背斜，背斜轴部含气量较小，而向两翼含气量逐渐增加（图 2.18）。

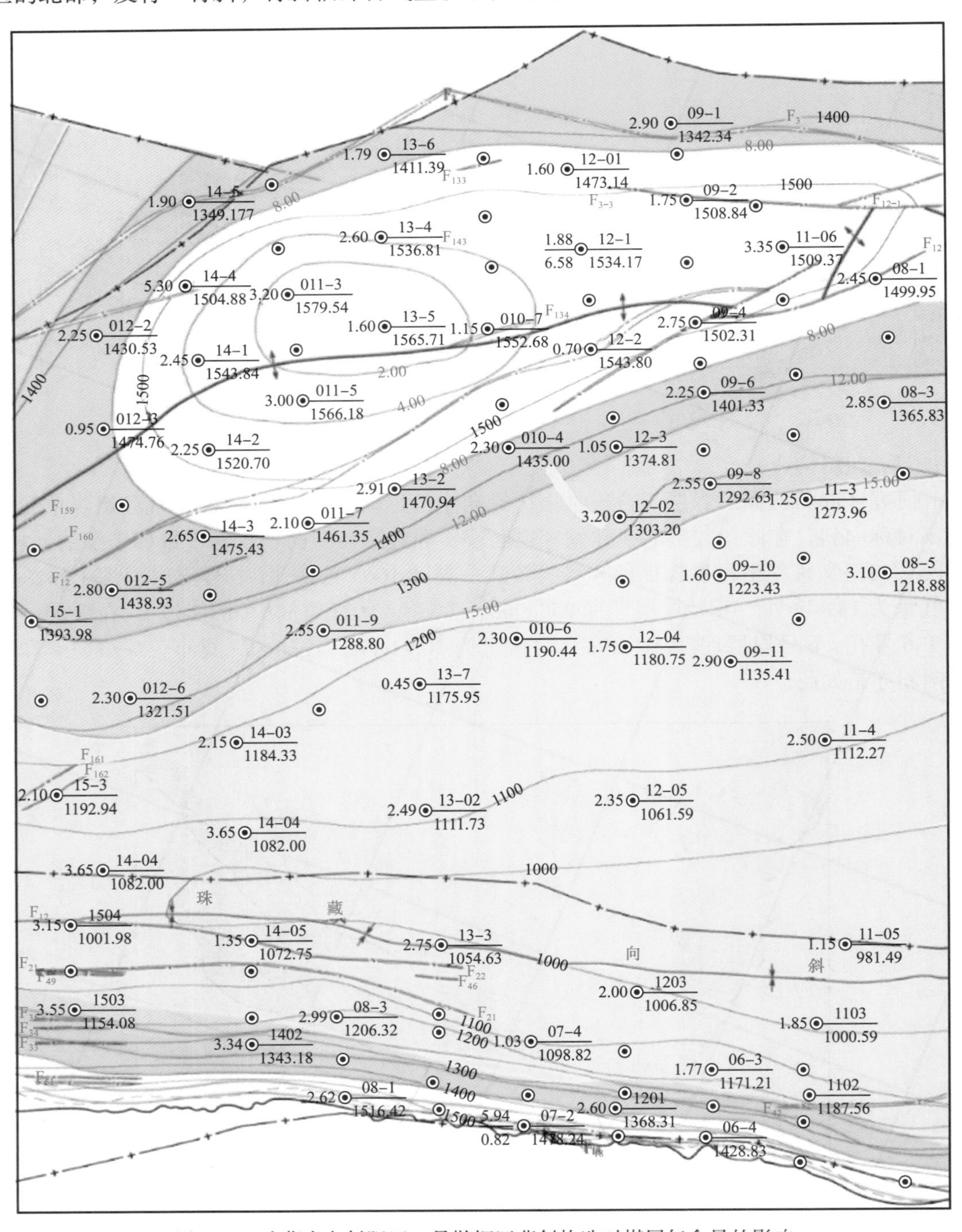

图 2.18　珠藏次向斜肥田一号勘探区背斜构造对煤层气含量的影响

2.3 水文对煤层气藏的控制作用

区内的主要含水层有栖霞组和茅口组裂隙岩溶水、上二叠统煤系裂隙水及三叠系裂隙、岩溶水和第四系孔隙水。区块北部的岩脚向斜和黔西向斜内主要含煤向斜以峨眉山玄武岩和飞仙关组为底部、顶部隔水层，煤系地层形成独立、完整的水文地质单元，安顺向斜底部隔水层缺失，煤系地层与强含水性茅口组直接接触。煤田钻孔显示三塘—珠藏为弱富水区、微透水层，比德次向斜为弱富水区、不透水层，煤系地层与强含水地层基本无水力联系，侧向上由断层形成隔水边界（煤田勘查揭示），表明岩脚向斜整体具有较好的保存条件（图 2.19）。

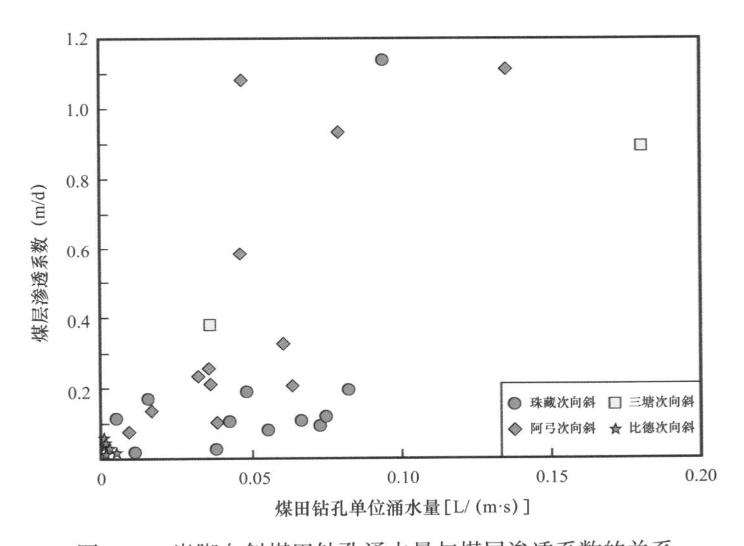

图 2.19 岩脚向斜煤田钻孔涌水量与煤层渗透系数的关系

织金区块次级向斜构造多呈不对称式结构，两端水动力补给高度接近，向斜两翼剥蚀区为地下水补给区，补给径流较为有利。随着埋深的增加或逐渐靠近向斜轴部，地层水矿化度逐渐增加，在向斜核部易形成气水滞留区（图 2.20 和图 2.21）。以珠藏次向斜为例，埋深大于 400m 矿化度大于 3000mg/L（煤田钻孔一般小于 1000mg/L）处于弱径流—滞留状态，向斜东南翼距离剥蚀区边界大于 300m，西南翼距离剥蚀区边界大于 500m 为弱径流—滞留区，保存条件好，为煤层气有利富集区。

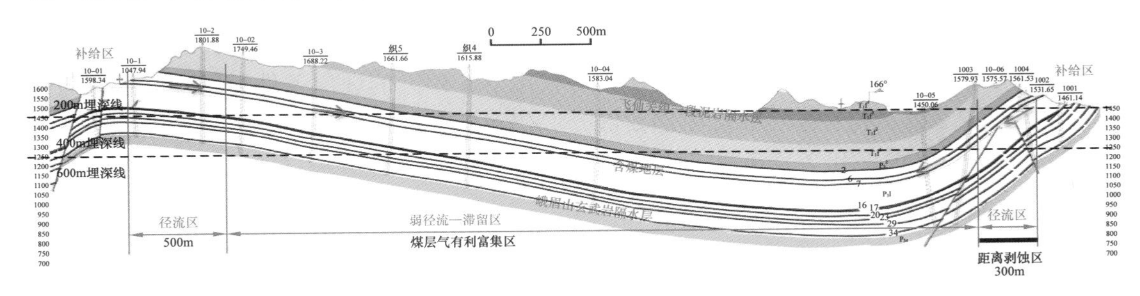

图 2.20 珠藏次向斜水文地质简图

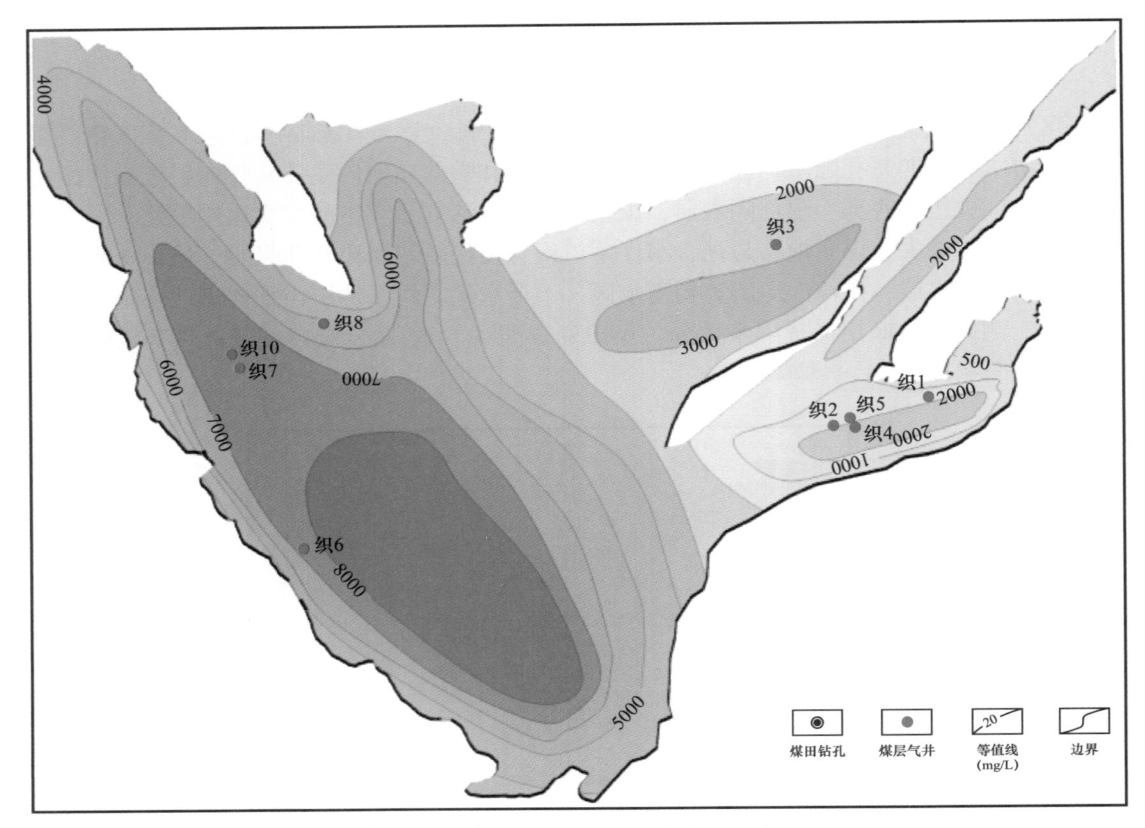

图 2.21　岩脚向斜 I 煤组 6 号煤层水矿化度

2.4　埋深对煤层气藏的控制作用

从珠藏次向斜 130 个含气量测试数据统计情况来看，在埋深 200m 以浅，含气量为异常低值，普遍低于 $10m^3/t$，而在 200m 以深，含气量快速增加，各煤平均含气量 14.5～$19.29m^3/t$（图 2.22）。三塘次向斜 300m 以浅，含气量普遍低于 $10m^3/t$，高含气量区主要位于 300m 以深，珠藏次向斜和破头山构造织 1 井井区 200m 以深含气量相对较高，200m 以浅含气量一般偏低 $10m^3/t$。反映煤层含气量总体随深度增加而增大。

但在 200m 以浅，含气性与煤系地层上覆盖层是否存在有着一定的联系。在龙潭组出露区，普遍低于 $8m^3/t$；上覆三叠系存在的状态下，相近的埋深条件煤层含气量相对偏高一些（图 2.22）。虽然含气量较深部要低，但仍对应较高含气饱和度，织 1 井和织 2 井 200m 左右的 9 号煤层和 2 号煤层仍能达到 80% 以上，甚至过饱和，反映这在浅部区龙潭组上覆地层关乎煤层气保存条件。

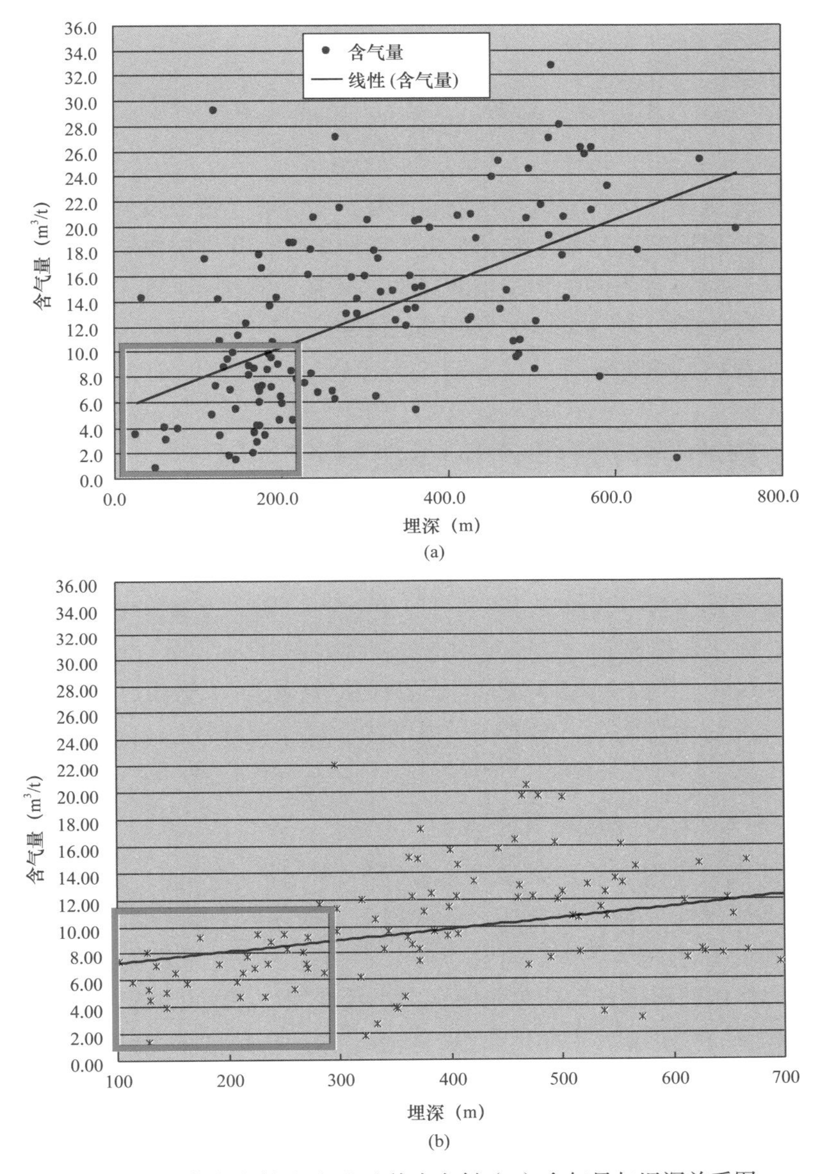

图 2.22 珠藏次向斜（a）和比德次向斜（b）含气量与埋深关系图

第3章　煤层气区段优选及合采兼容性评价

西南多煤层发育区煤层气藏具有复杂的成藏条件、赋存特征及分布规律，平面上分布有众多次级向斜且煤层气赋存条件差异明显，垂向上存在几十层煤层，兼具高构造复杂程度高等特点。同一煤层在不同的构造位置及同一构造位置的不同煤层，煤层气在可采性、可改造性及气体采收率等方面均有显著不同。这些特点使得多煤层区资源潜力评价及有利区优选等方面存在明显的特殊性。

3.1　复杂构造背景条件下煤层气有利区

3.1.1　构造动力学与煤储层物性演化

研究区构造活动频繁，构造煤广泛发育。我国在对构造煤储层物性方面的研究缺乏深入分析和探讨，由于构造复杂，甚至将构造煤视为煤层气开发的“禁区”。针对这一问题，研究利用各种测试手段对不同煤体结构的煤岩样品进行了深入分析，以不同煤体结构的煤储层物性的差异分析为切入点，力求在煤体结构和煤储层物性的相互关系方面取得突破。测试样品涵括了原生结构煤（G–1）、初碎裂煤（G–2）、碎裂煤（G–3）和糜棱煤（G–4）。

3.1.1.1　不同煤体结构吸附孔隙差异

四块煤样的液氮吸附实验结果呈现出很好的规律性（表3.1），原生结构煤、初碎裂煤、碎裂煤和糜棱煤所受到的构造应力依次增大，随着应力条件的增强，各煤岩样品的BET比表面积和BJH总孔体积依次升高。微孔和小孔含量也随着应力的增大发生相应的变化，随着应力作用的增强，微孔趋于闭合，小孔变为更小的孔隙，大中孔变为小孔，相对来说，微孔数量的减少要大于小孔数量的减少，因此小孔含量相对增加。从原生结构煤到糜棱煤小孔含量从16.7%变为65.4%，平均孔直径也从10.6nm增大到17.8nm，微小孔的平均孔直径与小孔含量呈现出较好的正相关关系。初碎裂煤的小孔含量和平均孔直径要高于碎裂煤，因为碎裂煤所受到的应力更大，其破碎程度要高于初碎裂煤，煤岩变得疏松，产生了部分较大孔径的孔、裂隙，微小孔整体含量减少，小孔数量减少的更多，微孔含量相对增加，微小孔的平均孔直径随之变小。

四块煤样的液氮吸附/脱附曲线呈现不同的形态，尤其糜棱煤与其他煤样存在较大的差异（图3.1）。糜棱煤的吸附曲线从压力接近 p_0 时开始迅速增加，曲线变陡，吸附量迅速增大，最大吸附量可达2.0mL/g；而原生结构煤、初碎裂煤和碎裂煤的最大吸附量较小，均在0.6mL/g以下，吸附曲线整体比较平缓，吸附能力糜棱煤＞碎裂煤＞初碎裂煤＞原生结构煤。随着应力的增加，煤岩小孔含量逐渐高于微孔，煤储层的BET比表面、BJH总孔体积和平均孔直径相对增高，煤岩吸附能力随之增大。糜棱煤和碎裂煤的吸附/脱附曲线都存在较为明显的吸附回线，反映的孔隙类型是开放型的圆筒孔和平行板状孔；而原生结构煤和初碎裂煤的吸附/脱附曲线近乎重合，孔隙多为一端封闭型孔。总体而言，随着应力的增强，煤岩吸附能力不断增大，煤中吸附孔隙类型由封闭型孔变为开放型孔，应力的增大使得煤岩吸附孔隙的吸附能力和孔隙类型变好，有利于煤层气的吸附、解吸和扩散。

表 3.1 液氮吸附实验测试数据表

样品编号	BET 比表面（m^2/g）	BJH 总孔体积（mL/g）	平均孔直径（nm）	孔径段孔隙含量（%）	
				小孔	微孔
原生	0.135	0.00036	10.6	16.70	83.30
初碎裂	0.220	0.00067	12.0	43.44	56.56
碎裂	0.303	0.00110	11.4	31.95	68.05
碎粒/糜棱	0.659	0.00290	17.8	65.40	34.60

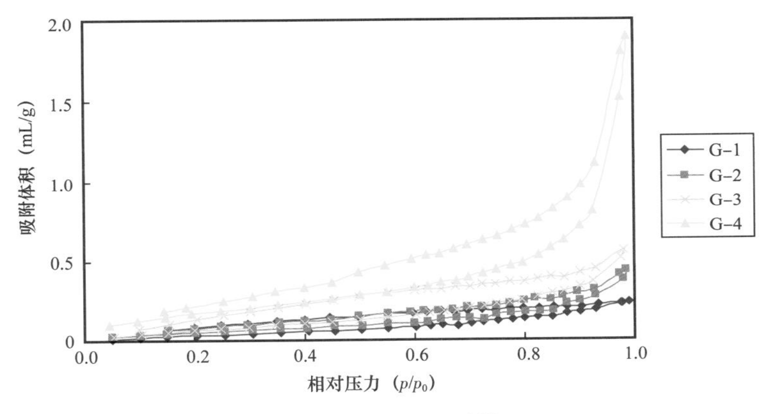

图 3.1 典型液氮孔隙模型

3.1.1.2 不同煤体结构渗流孔隙差异

煤样的压汞测试结果表明：四块煤样的微小孔含量基本相当，但大中孔含量差异较大（表 3.2），表明应力作用对煤岩的渗流孔隙的发育具有较强的控制作用。其中煤岩大孔含量碎裂煤＞糜棱煤＞原生结构煤＞初碎裂煤，碎裂煤的大孔含量最高，达 15.53%，其他三块样品的大孔含量均低于 5%，原生结构煤的大孔含量为 3.53%，初始的应力使得部分大孔转化为中孔，初碎裂煤的大孔含量相对减少，为 2.97%，随着应力的增大，煤岩开始破裂，产生大量裂隙和大孔径孔隙，大孔含量明显增高，为 15.53%，随着应力的进一步增大，煤岩变为糜棱煤，煤岩结构被严重破坏，大孔含量再次减少到 4.71%。

表 3.2 压汞孔隙测试数据表

样品编号	进汞饱和度（%）	退汞效率（%）	排驱压力（MPa）	压汞孔径段孔隙含量（%）		
				大孔	中孔	微小孔
原生	35.87	66.91	8.54	3.53	10.09	86.38
初碎裂	30.96	54.17	6.04	2.97	15.94	81.09
碎裂	67.66	61.66	0.05	15.53	5.88	78.59
碎粒/糜棱	27.73	32.35	2.24	4.71	11.92	83.37

在通过压汞测试的进汞、退汞曲线形态分析煤的渗流孔隙结构时，发现四块样品的压汞测试的进汞、退汞曲线形态显示出较大的差异（图 3.2）。碎裂煤的进汞饱和度和退汞效率最高，而其他样品的进汞饱和度都较低，在 30% 左右，糜棱煤退汞效率最低，为 32.35%，而其他样品的退汞效率均在 60% 左右。排驱压力碎裂煤<糜棱煤<初碎裂煤<原生结构煤。碎裂煤的进汞饱和度和退汞效率都较高，排驱压力低，渗流条件最好，而糜棱煤的进汞饱和度和退汞效率都较低，排驱压力高，渗流条件最差，原生结构煤和初碎裂煤基本相当，渗流条件一般。研究表明，煤岩中孔径大于 1000nm 的大孔对煤层气渗流的贡献要优于其他孔隙，碎裂煤的大孔含量最高，对煤层气的开发最为有利。

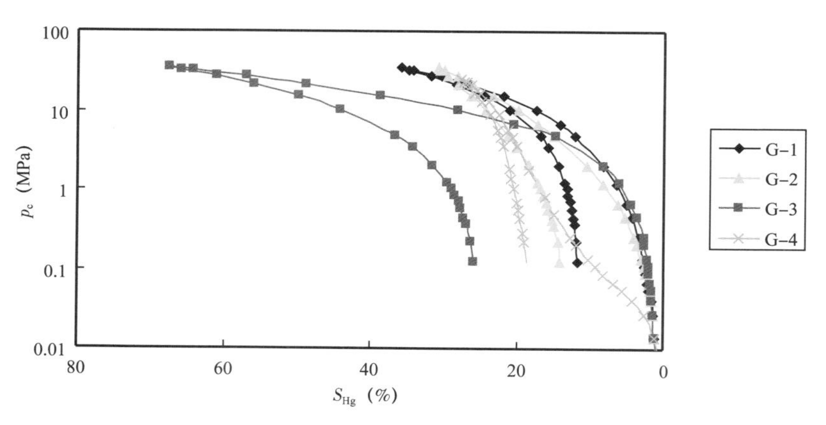

图 3.2　典型压汞曲线类型

3.1.1.3　不同煤体结构核磁共振差异性

T_2 弛豫时间大小对应煤中孔、裂隙大小，T_2 弛豫时间小于 10ms 时对应微小孔，T_2 弛豫时间介于 10ms 和 100ms 之间时对应大中孔，T_2 弛豫时间大于 100ms 时对应裂隙。核磁共振分析结果表明（表 3.3，图 3.3）：原生结构煤以微小孔和大中孔为主，含有少量裂隙；初碎裂煤的 T_2 弛豫时间小于 10ms 占 85.73%，微小孔隙极为发育，裂隙所占比例为 0，说明应力作用使得原生结构煤中原有的裂隙闭合，煤岩变得致密；碎裂煤阶段，煤岩发生破裂，产生大量的大中孔和裂隙，其 T_2 弛豫时间小于 10ms 仅占 12.01%，表明碎裂煤以大中孔和裂隙为主；到糜棱煤阶段，煤岩发生塑性变形，煤岩重新胶结，大中孔和裂隙相对减少。这些现象在煤岩密度上也得到了体现，原生结构煤密度为 1.33g/cm^3，初碎裂煤变得致密，煤岩密度变为 1.40g/cm^3，到碎裂煤阶段煤岩变得疏松，密度最小，为 1.21g/cm^3，糜棱煤阶段，密度再次增大，达 1.46g/cm^3。

表 3.3　煤岩核磁共振实验分析样品信息及实验结果

样品	长度（cm）	直径（cm）	岩石视密度（g/cm^3）	孔隙体积百分数（%）		
				<10ms	10～100ms	>100ms
原生	2.63	2.53	1.33	45.16	45.30	9.54
初碎裂	3.01	2.53	1.40	85.73	14.27	0.00
碎裂	2.15	2.52	1.21	12.01	52.30	35.70
碎粒 / 糜棱	2.90	2.53	1.46	44.23	35.01	20.76

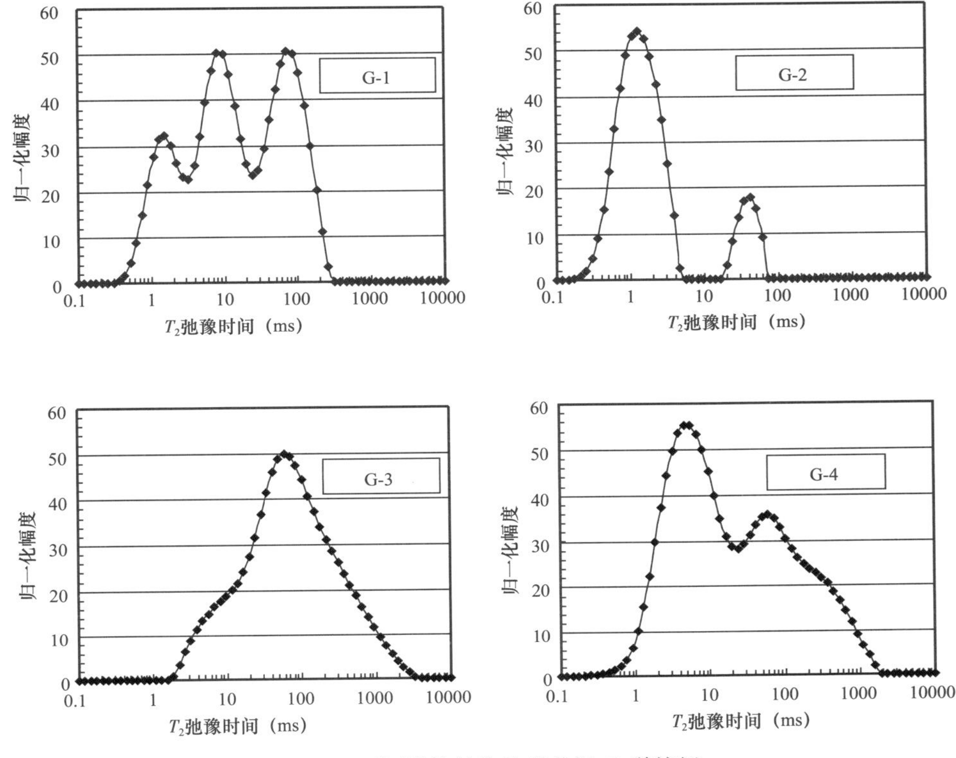

图 3.3 不同煤体结构核磁共振 T_2 谱特征

3.1.1.4 煤体结构变形阶段划分（X-CT）

本次研究对所选择的 4 个样品进行了 X-CT 扫描分析，每个样品均沿轴向扫描 40～60 次，随后对各个样品的 CT 数进行了分析。糜棱煤和初碎裂煤的矿物含量较高，密度较大，其 CT 数也就越高，其中糜棱煤的平均 CT 数高达 1668HU[1]；而原生结构煤和碎裂煤的孔、裂隙较为发育，矿物含量相对较少，煤岩密度较低，其平均 CT 数均在 1600HU 以下，碎裂煤的 CT 数最小，为 1555HU（表 3.4）。煤岩的非均质性特征也可以通过 CT 数反映出来，各个切片的 CT 数的标准差和变异系数越小，峰态和偏态越接近于 0，说明样品的轴向均质性越好。从统计结果来看，原生结构煤的均质性较好，而糜棱煤的非均质性最强，初碎裂煤和碎裂煤介于二者之间，表明煤岩在没有受到应力作用之前，煤岩组成在轴向上的均质性相对较好，后期的应力作用导致了煤中的煤岩组分、孔、裂隙和矿物的分布不均，煤岩非均质性增强。

X-CT 技术不仅可以无损害地将煤岩内部情况通过成像技术清楚地显示出来，而且能够较为准确地确定煤岩局部孔隙度的大小。原生结构煤和初碎裂煤存在着明显的层理现象，高孔隙度区和低孔隙度区平行层理方向交错叠置分布；而碎裂煤和糜棱煤的高孔隙度区为非均匀分布，没有明显的变化规律。原生结构煤、初碎裂煤、碎裂煤和糜棱煤的 CT 孔隙度依次为 5.45%，3.58%，7.05% 和 2.70%，其中碎裂煤最高，糜棱煤最低，原生结构煤和初碎裂煤居中（图 3.4）。整体上，煤体变形可分为 5 个阶段（图 3.5）：包括 AB 段

[1] HU—Hounsfield Unit，亨氏单位。

（裂隙闭合阶段）、BC 段（微裂隙产生阶段）、CD 段（宏观裂隙产生阶段）、DE 段（沿某破裂面破坏阶段）和 EF 段（流变破坏阶段）。AB 段（裂隙闭合阶段）：煤岩在应力作用下裂隙受压闭合，其应力相对较小，而煤岩应变量较大，渗透率降低；BC 段（微裂隙产生阶段）：初期除产生弹性变形外，还表现为部分微裂隙摩擦滑动，开始不稳定扩展破裂，微裂隙的出现使得渗透率增大，随后随着应力作用的增强，煤岩非弹性体积增长，微裂隙大量出现并扩展，此阶段对应碎裂煤形成阶段，是渗透率增加速率最大阶段；CD 段（宏观裂隙产生阶段）：当扩容发生到一定程度时，煤岩便开始产生肉眼可以识别的宏观裂隙，此阶段对应碎裂煤，是渗透率极大值阶段；DE 段（沿某破裂面破坏阶段）：被贯通裂隙分割后煤岩沿贯通裂隙发生滑移，并有新裂隙面扩展贯通，此阶段对应碎裂煤晚期和碎粒煤早期，渗透率开始降低；EF 段（流变破坏阶段）：裂隙面不断扩展，形成流变破坏，对应糜棱煤阶段，渗透率急剧降低。

表 3.4　煤岩样品各切片平均 CT 数统计分布特征

样品编号	样品密度（g/cm^3）	各切片平均 CT 数（HU）			标准差	变异系数	偏态	峰态	矿物含量（%）	裂隙密度	切片数（片）
		最小	最大	平均							
G-1	1.33	1576	1596	1593	561	0.35	0.85	1.76	1.46	67	44
G-2	1.40	1611	1654	1634	625	0.38	0.90	1.93	9.23	14	48
G-3	1.21	1504	1586	1555	527	0.34	1.03	2.39	11.38	165	54
G-4	1.46	1637	1679	1668	687	0.41	0.93	1.97	20.53	25	52

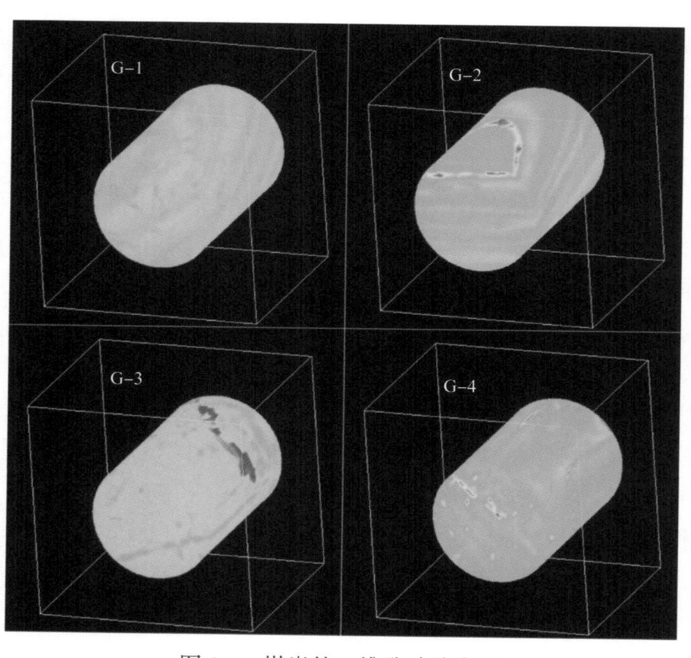

图 3.4　煤岩的三维孔隙分布图

（蓝色表示高孔隙度区，绿色表示中孔隙度区，黄色和红色表示低孔隙度区）

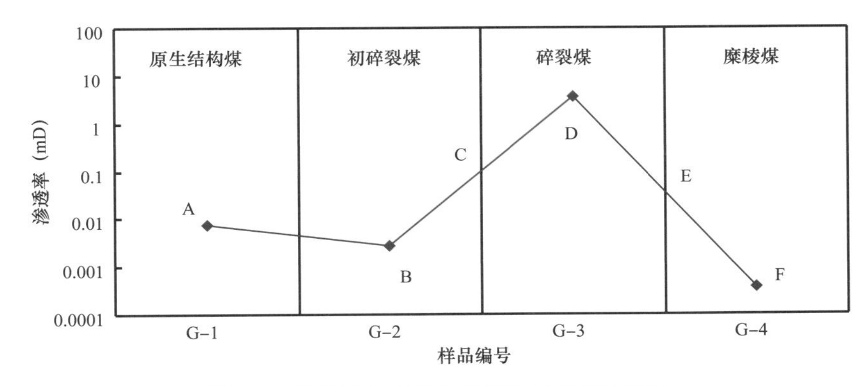

图 3.5　煤体结构变形阶段划分及渗透率演化

3.1.2　刚性基底上含煤向斜构造优势

贵州省煤层气具有其明显地质特征，有着高变质、高含气的优点；同时，还面临构造复杂、构造煤发育、煤层薄、横向变化大的难点，造成煤层气地质条件复杂化，难以形成较大连片资源规模。煤层在构造应力作用下发生形变，导致其原生结构遭受程度不等的构造破坏。煤体结构的破坏程度与煤层受挤压作用的强度密切相关，构造变形强烈区，产生区域性构造煤分布，煤层渗透性变差；此外，强构造变形势必派生出大量的断裂，造成构造煤的局部分布，增大煤体结构的横向非均质性。织金区块位于黔中隆起区刚性结晶基底之上，远离构造薄弱带，晚寒武世至晚石炭世持续隆升剥蚀使得基底浅，对构造应力起到削减作用，从而构造变形相对较弱，呈现出以宽缓向斜为主的构造形态。就构造煤发育分布而言，我国华北地区构造煤发育分布表现为板块边缘部位广泛分布、破坏程度高；板内二级构造边缘发育但破坏程度不高（图 3.6）。分析认为这主要受华北板块的性质决定：（1）华北板块为统一完整的块体，刚性基底发育，板块边缘造山带的应力变形在板内被基底削减，板内构造变形整体较弱；（2）虽然内部存在横向差异，二级构造边界附近变形相对强烈，但板内二级构造单元边界并非构造薄弱带，不存在强烈板内造山活动。

在华南地区，黔中隆起区与其他地区（四川盆地除外）构造变形、煤体结构差异显著，鄂、湘、粤、桂等省构造煤普遍发育，分析认为存在以下主要原因：

（1）华南板块为多块体拼合而成，缺少统一的基底，并且内部除扬子地块外其他块体缺少刚性基底，为无基底或为软基底，且深部高导层发育，基底难以对构造应力起到削减作用，而软的高导层的存在又使基底之上的盖层变形更易于发生。

（2）华南板块为多块体拼合而成，其缝合线、拼合带等是华南板块内部的构造薄弱带，在多期次构造运动中易活化，为板内复杂造山活动提供条件。

（3）构造薄弱带的存在使得华南板内造山活动频繁，而在这些块体内刚性基底的缺失使得板内造山活动加剧内部的构造复杂程度，从而华南整体上呈现出极其复杂的构造背景。

（4）扬子地块作为华南板块的主体，完整性好，四川盆地和黔中隆起区发育刚性结晶基底，尤其是黔中隆起，位于扬子地块内部，远离构造薄弱带，晚寒武世至晚石炭世持续隆升剥蚀使得基底浅，从而构造变形相对较弱。

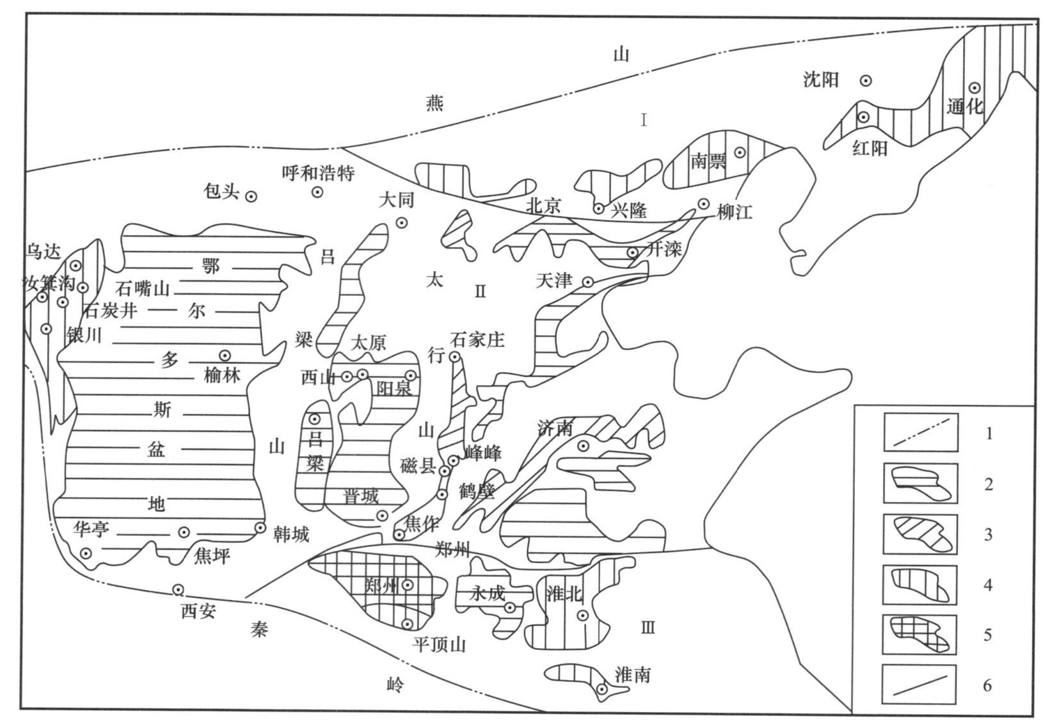

图 3.6　华北地区构造煤分布图（王恩营等，2010）

1—华北板块边界；2—Ⅰ类和Ⅱ类原生结构煤；3—Ⅱ类和Ⅲ类构造煤；

4—Ⅲ类和Ⅳ类构造煤；5—Ⅳ类和Ⅴ类构造煤；6—煤体结构条带边界

因此，明显有别于其他地区强构造煤、鸡窝煤的特征。虽然煤岩普遍存在变形，但煤体结构以碎裂煤为主，表现为构造变形较其他地区弱。以水公河次向斜为例，统计的 35 口钻孔中，8 号煤仅 2 口井见粉煤，其余钻孔煤层原生结构总体完整（图 3.7）。官寨向斜 4 号和 9 号煤层的碎裂煤产率分别达到 68% 和 85%，珠藏次向斜已完钻 9 口煤层气参数井钻井取心表征 7 号、17 号、20 号、23 号和 27 号等煤层也普遍呈现碎裂煤特征，24 层岩心中 17 层为碎裂煤，Ⅲ煤组主力煤层为碎裂煤，煤体结构最好，割理平均密度 10 条 /6.5cm ；Ⅰ煤组和Ⅱ煤组少量为碎粒—糜棱煤（图 3.8）。这种特殊性是织金地区在煤层气地质方面最关键的优势所在，也是西南地区复杂构造背景条件下煤层气有利区勘探开发的方向之一。

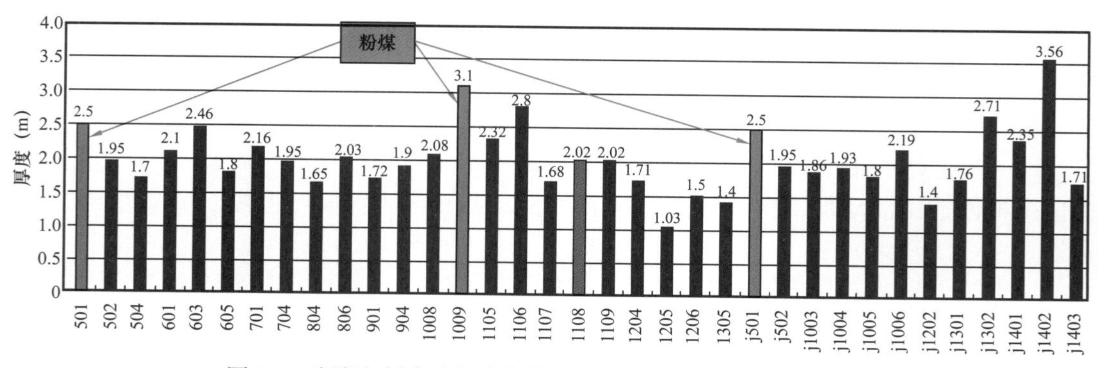

图 3.7　岩脚向斜水公河次向斜 35 口钻孔 8 号煤煤体结构统计

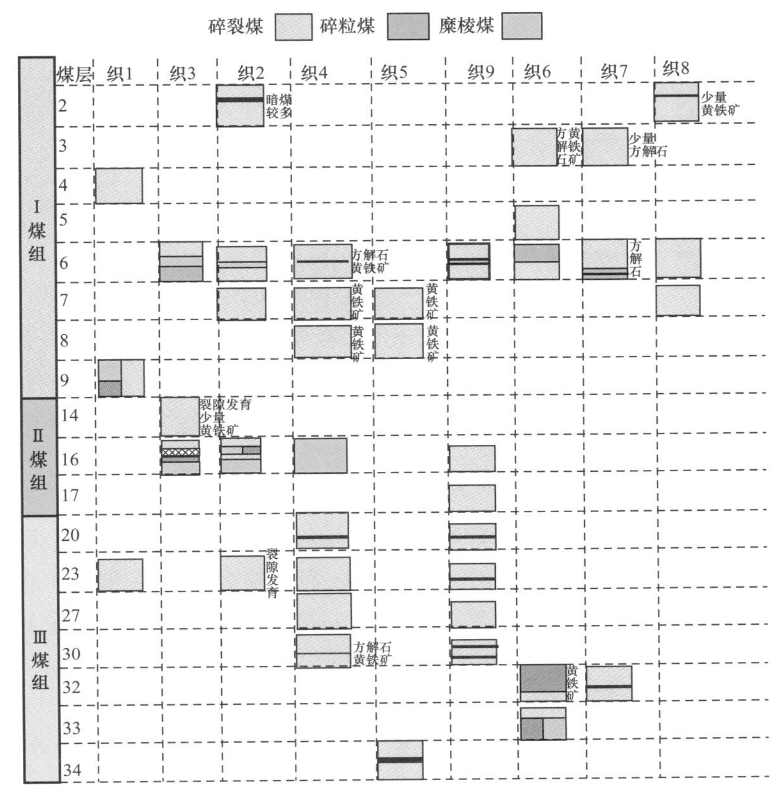

图 3.8 织金区块取芯井煤体结构图

3.2 多煤层区煤层气有利区段递阶优选理念

不同于沁水盆地南部等地区，该地区煤层气的开发需考虑平面煤层气富集高渗透区、聚煤环境及煤层展布、层间压力系统差异性及层间干扰程度、煤体破碎程度、含气量等诸多因素。针对织金区块多煤层地质条件的复杂性，在查清煤层气地质条件空间配置基础上，建立了以“叠合因素 + 地质类比 + 一票否决”为方法论的有利区段优选评价指标体系，突出了多层叠置煤层气资源潜力评价及有利区优选的特殊性和可操作性。从整体到局部，从横向到纵向，从定性到定量，厘定了远景区、有利区、目标段的层次优选技术体系，如图 3.9 所示。

3.2.1 远景区

远景区是指在区域地质调查的基础上，结合地质、地球物理等资料，优选出具备煤层气形成的地质条件及具备煤层气勘探开发潜力的区域。从整体出发，了解区域构造背景、沉积演化史，科学客观地评价煤层气资源及其地域和层域分布特征。主要评价参数体现在地质资源量和可采资源量及宏观区域地质条件。资源量采用体积法分赋煤单元及含气带（$8m^3/t$—$12m^3/t$—$15m^3/t$）计算［式（3.1）］；煤层净厚度取其块段内资料点各煤层净厚度的算术平均值；计算边界浅部以煤层露头为界，深部以矿区内煤炭资源探矿权边界或

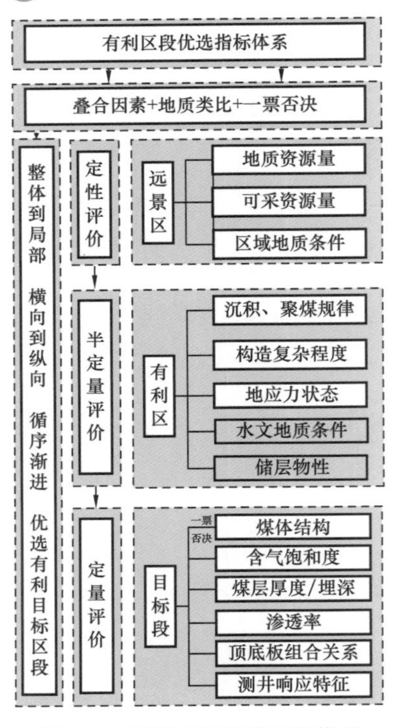

图 3.9 多煤层区有利区段优选评价技术流程

分界断层为界；煤层含气面积采用 MapGis 在图上直接量取（注：织金矿区向斜两翼地层倾角稍大，但核部地层倾角都较小，一般都小于 15°，煤层倾斜对面积的影响忽略不计）。

$$Q = 0.01AhDC_{ad} \tag{3.1}$$

式中 Q——煤层气资源量，10^8m^3；

A——煤层含气面积，km^2；

h——煤层净厚度，m；

D——煤的空气干燥基容重，t/m^3；

C_{ad}——煤的空气干燥基含气量，m^3/t。

3.2.2 有利区

有利区优选指经过进一步钻探有望获得煤层气工业气流的区域，该区为后期煤层气井井位的部署区域。结合煤层空间分布，在进行了钻进（含参数井）以及实验测试资料，掌握煤层沉积展布特征、聚煤规律、地应力分布特征、构造复杂程度、水文地质条件、煤层气富集成藏模式及储集特征的基础上，采用多因素叠加、综合地质评价等多种方法在远景区进一步优选有利区。就有利区而言，在进一步明确资源特征的同时，更应注重对开采地质条件的评价。远景区评价中被否决的评价单元在有利区优选中不予考虑。

3.2.3 目标层段

目标优选是区带优选系统中的最后一个环节，因而原则上对所有的控气地质因素均应加以考虑。其中，煤体结构具有“一票否决”的重要作用（规避碎粒煤、糜棱煤），含气量是决定煤层气资源特征的基本要素，临储压力比对于煤层气降压解吸难易程度起着关键性控制作用，渗透率决定了不同煤层的供液能力，顶底板组合关系影响煤层的可改造性。

3.3 有利区优选评价方法及应用

在煤层气勘探开发初期阶段，煤层气从业者倾向于寻找煤层气富集有利区，部署煤层气预探井进行资源勘探。但是，影响煤层气富集成藏条件的地质参数比较复杂（例如，煤化作用程度、煤层厚度、煤储层含气量、埋深以及构造类型等），其产生的地质影响有些可采用定量的方法来衡量，有些却只能采用定性的描述去表达。如果仅使用简单的对比分析，很难系统对比不同地质因素之间的优劣次序以及其在煤层气富集成藏过程中所起的实际作用。因此，优选煤层气富集成藏有利区，并不能简单参考煤层厚度、含气量与埋深等地质参数，应基于某个煤层气勘探区的实际地质情况，尽量多参考能够反映该区煤层气富集特征的地质参数，建立综合性的数学评价模型，力求最准确反映煤层气富集条件在区域上的变化规律。

3.3.1 模糊数学层次分析法

层次分析法（AHP）是一种基于数学模型来组织与分析复杂问题、值得信赖的数学方法，它可以帮助决策者按优先级将相关参数多重属性进行排序，并可对一个复杂问题的定量与定性两方面属性进行综合性研究。AHP 数学评价模型作为近年来煤层气与页岩气等化石能源选区评价的关键方法手段，已在“中—高煤阶”煤层气勘探领域得到广泛的应用，其基本原理与流程的具体细节，包括数学方法、评价参数以及不确定性研究，已在前人的研究工作中得到充分展示。

研究表明，模糊数学层次分析法作为一种较为成熟的选区评价方法，虽然其方法原理与操作流程等内容已无法进行大幅度的修正，但由于不同煤层气勘探区的实际地质条件以及勘探开发阶段不同，导致某一个煤层气区块可获取的、值得信赖的地质信息存在较大差异，在利用 AHP 模型进行选区评价时应区别对待。为了织金区块煤层气勘探开发潜力进行定量评价，运用模糊数学层次分析法建立了一个多层次的数学评价模型（表 3.5）。

表 3.5　织金区块层次分析法数学评价模型

目标	二级指标及权重	三级参数及权重
煤层气富集成藏有利区（U）	资源条件（A）0.36	可采煤层总厚度（A_1）0.39 煤层含气量（A_2）0.45 煤化作用程度（A_3）0.16
	赋存条件（B）0.34	构造条件（B_1）0.17 孔隙度（B_2）0.29 渗透率（B_3）0.39 水文地质条件（B_4）0.15
	开发条件（C）0.3	煤层埋深（C_1）0.21 地层倾角（C_2）0.19 煤体结构（C_3）0.48 地表条件（C_4）0.12

建立模糊数学 AHP 模型的最终目标在于定义一个综合性的定量评价指标 U_i（0～1.0），且 U_i 值越大表明某地区的煤层气勘探开发潜力越大。结合织金区块煤层气勘探开发程度以及实际地质资料占有情况，第二层次选择三个部分的评价内容，分别为煤层气资源条件（权重 0.36）、煤层气赋存条件（权重 0.34）以及煤层气开发条件（权重 0.3）。此外，这 3 个二级指标可进一步划分为 11 个三级指标，一起构成了织金区块煤层气富集条件数学评价体系。该数学模型的计算主要依托地理信息系统（GIS）中“MapInfo professional 8.5”软件；此外，每个评价节点参数的取值主要依靠模糊数学与 GIS 系统中矢量叠加计算求得，其合成值可被用来预测该节点的煤层气勘探开发潜力。

3.3.2 最优分割法

煤层气选区评价数学模型建立以后，通过对不同节点煤层气富集成藏评价指标 U_i 进行定量计算，可定量分析煤层气勘探开发潜力在区域上的变化关系。一般来说，一些专家学者基于不同煤层气矿区的选区评价结果，提出过一些煤层气勘探潜力的分类标准，但其分割节点的划分多是经验性的或者无科学依据的。本次将最优分割法引入煤层气勘探开发等级划分过程中，可显著增加分割节点划分的科学性、精确性以及可信赖性。

Fisher 于 1958 年初次提出了最优分割法的概念，其已被广泛应用于地震解释、测井描述以及地质学等领域。一般来说，地质学中有很多情况要求相关地质样品按一定顺序排列而不能加以更动，这类样品可统称为有序样品；从有序样品中得到的地质数据也按一定的顺序排列，统称为有序地质量。最优分割法是一种对有序地质量中包含的有序样品进行划分的最常用统计学方法。假设有 N 个按一定顺序排列的地质样品，暂且认为每个样品观测到了一项指标，将其分别定义为 X_1，X_2，X_3，…，X_N，在不破坏该 N 个有序样品现今顺序的条件下，存在许多种将其分为 L 段的划分方法。在这些划分方法中有且仅存在唯一的一种分割方法，使各段样品内部之间的差异性最小、各段之间的样品差异性最大，这种分割方法就称之为最优分割法。离差平方和可被用来定义同组样品间的差异性特征，且离差平方和值越大、有序样品越分散，最优分割法的最终目标为减小同组样品间的差异性。

若以 X_{kj} 表示第 k 段第 j 个样品的指标，$\overline{\boldsymbol{x}_k}$ 表示第 k 段指标的平均值；n_k 表示该段的样品数，$\bar{\boldsymbol{x}}$ 表示全部 N 个样品的总平均值。倘若样品被分为 L 段时，其指标的总离差平方和（T）可分解为段内离差平方和（W）与段间离差平方和（B）两部分内容，且 $T = W + B$。一般来说，此三种类型离差平方和的计算如下列公式所示：

$$T = \sum_{k=1}^{L} \sum_{j=1}^{n_k} \left(x_{kj} - \bar{x}\right)^2$$

$$W = \sum_{k=1}^{L} \sum_{j=1}^{n_k} \left(x_{kj} - \overline{x_k}\right)^2$$

$$B = \sum_{k=1}^{L} \sum_{j=1}^{n_k} \left(\overline{x_k} - \bar{x}\right)^2$$

研究表明，当 N 个样品给定之后，T 是一个常量。换句话说，当段间离差平方和 B 值最大时，段内离差平方和 W 达到最小，而最优分割法的最终目标就是使得 W 值达到最小。最优分割法的基础原理与计算步骤，已在前人发表的研究成果中得到详尽阐述，在此不再赘述。

3.3.3 优选参数及权重

为实现通过研究而找出煤层气富集有利区的最终目的，本次在建立织金区块多层次数学评价体系时，综合考虑了煤层气资源条件、赋存条件以及开发条件等三重指标。此外，三级评价参数的优选是该数学评价体系建立过程中的最重要环节，其选取是否得当直接关系到最终的煤层气选区评价结果能否准确反映实际地质规律。在煤层气成藏地质条件、孔隙结构特征以及富集成藏地质主控因素的研究工作基础上，参考借鉴其他煤层气勘探开发区块的研究成果，最终将可采煤层总厚度（A_1）、煤层含气量（A_2）、煤化作用程度（A_3）、构造条件（B_1）、孔隙度（B_2）、渗透率（B_3）、水文地质条件（B_4）、煤层埋深（C_1）、地层倾角（C_2）、煤体结构（C_3）和地表条件（C_4）11个参数确定为数学评价体系中的三级评价参数。

各级评价指标确定以后，需要对各评价参数的权重进行赋值，权重的赋值主要运用判断矩阵计算特征向量进而求得。为了判断计算结果的准确性，随机一致性比率（CR）被用来分析判断矩阵的一致性条件。CR是一致性指数（CI）与随机一致性指数（RI）的比值。其中，$CI=(\lambda_{max}-n)/(n-1)$；$CR=CI/RI$，$n$指示矩阵的阶。一般来说，当$CR$小于0.1时，判断矩阵的不一致性是可以接受的；当$CR$大于0.1时，判断矩阵需要被重新设定与计算，直到其一致性条件在可接受范围之内。

3.3.4 参数隶属度计算

上述三级评价参数具有相互独立的数值大小与单位，也就具有不同的有效取值范围。为了将所有评价参数放在同一个标准下进行对比分析，需要对其开展均一化处理。织金区块煤层气具有较好的构造—沉积条件，构造变形较弱，处于潮坪—沼泽有利聚煤环境，煤层具有“一多、三好、三高”的有利地质条件。沉积相控制了煤层的纵向及平面展布，主力煤层纵向上具有层多且薄特点，平面上分布稳定。煤层气成藏主要受构造控制，煤层气主要赋存在断块内部的开阔向斜中，具有向斜控气特征；同时，完整的水文地质条件（横向、纵向），也有利于煤层气保存。从构造稳定性、埋深情况来看，岩脚向斜位于拱褶复向斜区，黔西向斜属凹褶复向斜，岩脚向斜和黔西向斜南缘由于抬升幅度大，煤层埋深适中，同时，生烃高峰后的抬升部位更利于富集。根据研究区煤层气评价的两个关键因素，通过对煤层累计厚度、构造变形程度、埋深三个主要因素进行定量化，同时综合大地构造特征、煤体结构保存情况、围岩保存条件，提出研究区目标区带优选的标准。

（1）煤层气资源条件。

① 可采煤层总厚度（A_1）。煤是煤层气的产烃母质，也是煤层气的储集空间，厚煤储层通常蕴含非常高的资源丰度和资源量，对煤层气成藏有利。前人研究表明：煤储层高含气量多与厚煤层密切相关。根据研究区煤厚分布特征，综合前人研究规律，将可采煤层总厚度（M，m）的评价隶属度函数定义为：

$$A_1=\begin{cases}1 & M\geqslant 20\\ 0.08A-0.6 & 10\leqslant M<20\\ 0.2 & M<10\end{cases}$$

② 煤层含气量（A_2）。自20世纪90年代以来，我国煤层气迅速发展，从煤层气勘探选区试验来看，我国各矿区煤层的含气量一般都在2～25m^3/t。考虑含气量值的分布区间，同时参考我国在沁水盆地东南缘、鄂尔多斯东缘、宁武、阜新，黔西等煤层区勘探开发的实践结果，将可采含气量的下限设定为4m^3/t，即理论上含气量小于4m^3/t的区域定义为不具备煤层气资源开发潜力。同时，将14m^3/t作为含气量评价上界，即

将含气量在大于 14m³/t 的煤储层定义为高丰度煤层气储层，即对于所有含气量大于该上限值的储层将不再对其相互间的有利程度进行区分。含气量用 V（单位：m³/t）表示，其评价隶属度函数定义为：

$$A_2 = \begin{cases} 1 & V \geqslant 14 \\ 0.08V - 0.12 & 4 \leqslant V < 14 \\ 0.2 & V < 4 \end{cases}$$

③ 煤化作用程度（A_3）。煤级是反映煤的热演化程度的重要指标，它对煤储层物性具有显著的影响。煤级对煤储层物性的影响是多方面的：首先它决定了煤层气的生气量；其次它影响煤的吸附能力。同时，从煤的生气和储气角度，煤级越高的煤的储层越好。煤的基质孔隙度随煤级增高呈现先降后升的“U 型”关系，在 R_o 为 1.2%～1.6% 取得极小值。综合前人的研究成果，并考虑我国煤储层煤级分布得实际情况，这里将煤级（R_o，%）的评价隶属度函数定义为：

$$A_3 = \begin{cases} R_o - 0.3 & 0.5 \leqslant R_o < 1.3 \\ 1.325 - 0.25R_o & 1.3 \leqslant R_o < 4.5 \\ 0.2 & R_o \geqslant 4.5 \end{cases}$$

（2）煤层气赋存条件。

① 构造条件（B_1）。构造类型及其复杂程度在一定程度上对煤层气的生成、聚集和保存都起着重要的影响，因而在优选煤层气富集有利区时，这也是要必须考虑的一个指标。织金区块构造类型主要有背斜、向斜和少量断层等，而一个区块中构造条件对煤层气富集条件的控制主要取决于不同构造圈闭类型及其相互间的组合关系。构造条件对于煤层气富集成藏的影响程度，难以对其开展定量、综合考量的方法，此次研究采取定性判别方式（表 3.6）。

② 孔隙度（B_2）。煤层气储层中的孔隙对渗透率的贡献较小。然而煤的孔隙系统是煤层气渗流的必经通道，孔隙发育程度仍旧会影响煤层气的渗流能力，特别是在煤层气开发后期。将孔隙度（ϕ，%）隶属度函数分别定义为：

$$B_2 = \begin{cases} 0.2 & \phi < 2 \\ 0.1\phi & 2 \leqslant \phi < 10 \\ 1 & \phi \geqslant 10 \end{cases}$$

③ 渗透率（B_3）。煤储层的渗透率是反映煤层中气、水的流体渗透性能的重要参数，它决定着煤层气的运移和产出。它是煤储层物性评价中最直接的评价指标。将煤岩渗透率（K，mD）的评价隶属度函数分别定义为：

$$B_3 = \begin{cases} 0.1 & K \leqslant 0.1 \\ K & 0.1 < K \leqslant 1 \\ 1 & K > 1 \end{cases}$$

表 3.6 织金区块煤层气富集成藏定性评价指标隶属度取值表

构造条件（B_1）	水文地质条件（B_4）	地表条件（C_2）
构造简单，有利圈闭发育，断层较少以封闭断层为主（0.75～1）	简单滞留区（0.75～1）	交通便利，地表平坦，远离农耕用地（0.75～1）
构造中等，有利区圈闭发育较小或圈闭规模一般，断层（0.5～0.75）	复杂滞留（0.5～0.75）	交通便利，地形起伏较大，离农耕用地较远（0.5～0.75）
构造较复杂，区内断层较发育（0.25～0.5）	弱径流（0.25～0.5）	交通不太便利，地形起伏较大（0.25～0.5）
构造复杂，区内断层发育（0～0.25）	径流区（0～0.25）	交通不便利，地形起伏大（0～0.25）

④ 水文地质条件（B_4）。水文地质条件对煤层气产生、运移、富集及成藏过程影响很大，且水动力场控气具有双重效应，既可起到水动力封堵作用，也可产生水动力逸散效应。一般来说，煤系地层与顶底板含水层可形成一个完整的下水循环系统，储层压力大及含水层势能高的地区，多为煤层气富集成藏的有利区。在地下水的排泄区，煤储层压力与含水层势能明显降低，导致吸附态煤层气不断转化为游离态，煤层气资源不断逸散。从煤层气富集成藏的角度，水文地质条件可大体分为 4 类，即简单滞留区、复杂滞留区、弱径流区和径流区，其函数隶属关系见表 3.6。

（3）煤层气开发条件。

① 煤层埋深（C_1）。埋藏深度（H）是影响煤层含气量、渗透率和开发条件的重要地质因素。煤层气勘探开发经验表明，煤层埋深过浅，不利用煤层气的保存；而埋深过大地层应力较高会导致裂隙闭合、渗透率极低，不利于煤层气的开发。煤层埋深（H）与煤层气开发潜力的隶属度函数定义为：

$$C_1=\begin{cases}0.001H-0.5 & H<1000\\ 1.1-0.0006H & 1000\leqslant H<1500\\ 0.2 & H\geqslant 1500\end{cases}$$

② 地层倾角（C_2）。地层倾角是反映构造变形强弱的重要指标，地层倾角越小说明煤层展布越宽缓；反之，地层倾角越大，越不利于煤层气的开发。地层倾角（ϕ）与煤层气开发潜力的隶属度函数定义为：

$$C_2=\begin{cases}1 & \phi<5\\ 1.4-0.08\phi & 5\leqslant\phi<15\\ 0.2 & \phi\geqslant 15\end{cases}$$

③ 煤体结构（C_3）。在煤层气开发过程中，经压裂改造之后的原生结构煤和碎裂煤易形成优势裂缝、压裂效果较好，产粉率低，有利煤层气的开发；而碎粒煤和糜棱煤受到强烈的构造作用，网状裂隙密集发育，破碎非常严重，煤层较软，压裂效果差，并且易出煤粉堵塞煤层气渗流通道，不利于储层压降和煤层气产出。不同煤体结构对后期开发中煤层造缝具有显著的影响，根据煤体结构确定的 C_3 值见表 3.7。

表 3.7 煤储层煤体结构类在煤储层评价中的定量方法

煤储层类型	原生—碎裂结构	碎粒—糜棱结构
C_3	0.85	0.15

④ 地表条件（C_4）。地表条件作为制约煤层气开发经济效益的重要因素，地形越平坦、交通越便利、压裂用水越方便，煤层气开采经济成本就越低。通过野外地质调查可知，织金区块地势比较复杂、交通较便利、农耕地保护颇受关注，制约了钻井设备的搬运以及钻井平台的搭建工作。地表条件对煤层气选区的影响，难以通过开展定量、综合考量的方法，此次研究采取定性判别方式。

（4）数学评价模型建立及有利区预测。

在求得各评价节点的评价指标权重与相应的隶属度值之后，可对其开展煤层气富集条件综合评价研究工作。为最大限度地反映织金区块煤层气富集成藏条件，并展现出各个评价指标的真实影响，建立了适用于织金区块煤层气富集的数学评价模型，可定量计算各评价节点的煤层气富集成藏 U_i 值（表 3.8）。

首先，将各评价节点的隶属度值与权重值代入数学评价模型，计算求得研究区块煤层气勘探开发潜力值 U_i 在区域上的分布特征；然后，利用最优分割法获区块煤层气勘探开发潜力的分割节点，进而确定不同的勘探开发等级。按照有利区的评价体系，对织金地区各向斜进行评价，按 U_i 值的大小将织金区块煤层气勘探开发潜力划分为 4 类，即，$U_i<0.57$ 为Ⅳ类、$0.57<U_i<0.63$ 为Ⅲ类、$0.63<U_i<0.72$ 为Ⅱ类、$U_i>0.72$ 为Ⅰ类。

表 3.8 中高煤阶向斜各参数所得权重

目标	二级指标	三级指标	权重	隶属度	权系数
U	U_1	A_1	0.39	X_{11}	$0.39X_{11}$
		A_2	0.45	X_{12}	$0.45X_{12}$
		A_3	0.16	X_{13}	$0.16X_{13}$
	U_2	B_1	0.17	X_{21}	$0.17X_{21}$
		B_2	0.29	X_{22}	$0.29X_{22}$
		B_3	0.39	X_{23}	$0.39X_{23}$
		B_4	0.15	X_{24}	$0.15X_{24}$
	U_3	C_1	0.21	X_{31}	$0.21X_{31}$
		C_2	0.19	X_{32}	$0.19X_{32}$
		C_3	0.48	X_{33}	$0.48X_{33}$
		C_4	0.12	X_{32}	$0.12X_{32}$
$U_i=0.36U_1+0.34U_2+0.3U_3$ $U_1=A_1+A_2+A_3$；$U_2=B_1+B_2+B_3+B_4$；$U_3=C_1+C_2+C_3+C_4$					

3.3.5 有利区评价及预测结果

在研究区含煤构造单元划分基础上，通过关键因素的叠合，初步圈定有利区带面积1818.7km^2，总资源量3674.5×10^{8}m^3（表3.9，图3.10）。按照含煤构造单元划分，比德次向斜有利区面积和资源量最大，面积493.5km^2，资源量达到1021.5×10^{8}m^3，其次是沙窝次向斜598.6×10^{8}m^3、水公河次向斜478.3×10^{8}m^3。有利区带内按照不同次级含煤构造进行对比评价，考虑单一构造内煤层气地质条件优越性、资源规模、相邻构造的地质条件相似性和勘探评价的辐射带动性、地表状况及勘探发现基础和落实程度，认为有利区带内的比德次向斜—水公河目标、沙窝—官寨目标和珠藏次向斜目标为研究区煤层气重点勘探目标。

（1）比德次向斜目标评价。

比德次向斜煤岩变质程度为贫煤、贫瘦煤，初步显示偏低变质煤岩的渗透性优势，向斜内的两口参数井5套煤层的试井渗透率为0.1074～0.50016mD。含气量一般在10～20m^3/t，最高达46.22m^3/t，平均12.14m^3/t，织6井主要煤层含气量在12～15m^3/t，织7井已揭示21m^3/t的高含气量。煤层纵向集中，分上下两个煤组，上煤组集中在80m间距内，可采煤层累计厚度为6～12m；下煤组3套煤层累计厚度为4～6m；煤层气规模大，为最大含煤构造，有利区带面积493.48km^2，上煤组煤层气资源量745×10^{8}m^3，下煤组资源量279×10^{8}m^3。

（2）水公河次向斜目标评价。

紧邻比德次向斜，煤层发育与之类似，上部3号、5号、6号、8号煤层，间距仅80m左右，可采煤层累计厚度6～10m，平均累计厚度9m。水公河次向斜整体抬升特征明显，为一个宽缓完整的含煤向斜，上煤组埋深普遍浅于1000m，煤岩变形较弱，各煤层普遍以碎裂煤为主，含气量整体较高，平均15.78m^3/t，显示更为有利的煤层气地质条件。

（3）沙窝次向斜及官寨次向斜目标评价。

该目标区内可采煤层厚度8～12m，单煤层相对稳定，可对比性强，含气量10～25m^3/t，平均15.4m^3/t，煤层埋深1500m以浅，煤层气地质条件与岩脚向斜珠藏次向斜可比。部分地区道路交通条件较好，具有地表连片有利区，勘探开发展开空间大，是现有技术条件下织金区块内近期有望实现规模化勘探开发的较现实区域。

（4）珠藏次向斜目标评价。

与水公河次向斜类似，珠藏次向斜为一个整体抬升的完整含煤向斜，煤层发育较好，煤层整体埋深小于800m，含气性条件优越，含气量普遍较高，平均15.79m^3/t，并且北西翼为一个相对稳定宽缓的构造，煤储层变形适中、可采性好。位于该构造部位的织2井获得较好勘探效果，单井日产气量达到2803m^3/t，2011年部署的织4井和织5井进一步获取较好的评价参数，具有较好的勘探发现基础。初步明确出北西翼构造稳定区、埋深小于800m、含气量大于10m^3/t、1m以上煤层累计厚度大于10m的有利区39km^2，煤层气资源量119×10^{8}m^3，为近期勘探的重点区域。

表 3.9　织金区块地区煤层气有利目标区评价数据表

向斜	次向斜	0~1000m面积（km^2）	有利区面积（km^2）	丰度（$10^8m^3/km^2$）	资源量（10^8m^3）	资源量小计（10^8m^3）	含煤层数	煤层总厚度（m）	可采厚度（m）	主要目的煤层	含气量（m^3/t）	煤体结构	构造变形程度	地表条件	资料落实程度及前期投入	综合评价
白泥箐—猪场向斜	白泥箐	93.48	93.48	2.83	264.5	318.2	50~52	36.21	19.37~23.55	1、2、3、4、5、6、7、8、9、10、13、14、27、28、30、31、32、34		分层发育	弱	差	煤田勘探程度高，资料掌握极少，有煤层气勘探投入	Ⅰ
	猪场	28.4	28.4	1.89	53.7		43	25.61	10.01	3、$5^{上}$、$5^{下}$、$6^{上}$、$6^{中}$、$6^{下}$、7、8、10、23、24、27、32、33、34		分层发育	中	差	煤田勘探程度高，资料不掌握	Ⅰ—Ⅱ
黔西向斜	以支塘	14.63	29.58	1.43	42.3	774.9	40~52	19.85	7.59	3、5、6、8、22、30、32、33		分层发育	强	差	低，低，未投入	Ⅱ
	乐治	29.77	76.12	1.76	134.0		25~34	19.5	13.5			分层发育	强	差	低，低，前期投入参数井1口	Ⅱ
	沙窝	221.47	340.14	1.76	598.6		14~18	14.28~17.45	5.87~10.58	4、9、11、15	15.41	分层发育	中等	中—好	煤田少量勘探，部分落实，未投入	Ⅰ—Ⅱ
官寨向斜		94.5	127.47	2.48	316.1	316.1	19	17.45	10.58	4、9、11、15	15.41	好	变形弱断裂发育	差	高，落实，未投入	Ⅰ

续表

向斜	次向斜	0~1000m面积（km^2）	有利区面积（km^2）	丰度（$10^8m^3/km^2$）	资源量（10^8m^3）	资源量小计（10^8m^3）	含煤层数	煤层总厚度（m）	可采厚度（m）	主要目的煤层	含气量（m^3/t）	煤体结构	构造变形程度	地表条件	资料落实程度及前期投入	综合评价
岩脚向斜	水公河	179.13	179.13	2.67	478.3	2265.3	50	35.31	8.10~18.76	3、5、6、8；30、32、33	15.78	最好	弱	较差	高，落实，未投入	Ⅰ
	比德	249.82	493.48	2.07	1021.5		35~42	37.04~40.64	16.8~21.67	3、5、6；30、32、33	12.14	分层发育	中—弱	中—差	中浅部高，部分落实，已有2口参数井投入	Ⅰ
	三塘	196.62	256.66	1.53	392.7		41~45	22.3~24	8.28~11.49	6、7；14、16	9.76	一般	北西弱	较差	中、部分落实，获单井突破	Ⅰ—Ⅱ
	珠藏	80.39	80.39	2.16	173.6		35	21.78~25.66	10.5~13.48	6、7；17、16；20、23、27	13.02	好	弱	差	落实，并已获单井突破，并投入4口	Ⅰ
	阿弓	112.02	113.8	1.75	199.2		26~34	20.4~24	9.29~15.22	6、7；16、17；20、23、27	10.48	一般	中	差	部分落实，未投入	Ⅰ—Ⅱ
六广龙场断褶	小猫场	1253.67	1404.89（为二类区）	0.84	1180.0	1180.0	6~18	5.5~11.41	3.15~8.27	4、9、11、15			强	差	低，未投入	Ⅱ
	莫老坝									（7、8）9、13			弱	差	低，未投入	Ⅱ
	牛场									4、9、11、14			弱	中—差	低，未投入	Ⅱ
	马场									7、8、9	15.85	一般	褶皱变形弱断裂发育	中—好	低，未投入	Ⅱ
	站街									8、9、14			强断裂发育	中—好	低，未投入	Ⅱ
	其他断块									7、8、9			弱变形断裂发育	中—差	低，未投入	Ⅱ

图 3.10 织金区块有利区带评价图

3.4 目标层段优选及合采兼容性评价

3.4.1 优势储层测井识别

区块内煤层测井响应的三孔隙曲线特征最为明显，高声波时差、低密度、高中子特征与气测及岩屑录井对应性最强，上、中、下煤组的测井响应特征横向一致（图 3.11）。伽马响应存在一定的异常，中—高伽马煤层也较为常见。电阻率通常呈现中高值的特征，但50Ω·m 以下的煤层仍占有较大比例。以无烟煤分布区内的织 1 井、织 2 井、织 3 井、织 4 井和织 5 井为例，完成了 25 个层位的煤层取心，通过取心、解吸与测井响应的对比来看，初步显示出煤体结构较为完整、含气量较高的煤层电阻率一般大于 50Ω·m，声波时差大于 400μs/m。

开发层系选择是进行开发方案优化部署的前提，测井响应对于储层判别具有重要的指导意义。如图 3.12 所示，织 1 井和织 2 井分段压裂目的煤层测井响应表现为低电阻率、低声波时差，反映其自身条件的相对欠缺，煤体结构与含气性较差，影响其压裂改造及后期排采效果。织 4 井和织 5 井压裂层具有典型的高电阻、高声波时差特征，大跨度分压合采取得了工业气流。电阻率—声波交汇图可用于判别潜在优势储层，结合目前开发情况来看，电阻率大于 50Ω·m、声波时差大于 400μs/m 的储层具备良好的可改造能力及产气潜力，有望取得工业气流。值得注意的是，更高的声波时差与粉煤具有一定的对应关系，取心证实的几套粉煤层普遍密度偏低、声波偏高。

3.4.2 合采兼容性评价体系

织金区块煤层气具有“一多（煤层层数多）、四高（累计厚度大、含气量普遍较高、储层压力高、资源丰度高）、两弱（煤系地层含水性弱、煤岩变形相对弱）”的赋存特点，煤层具有较好的资源基础和可采性。早期开发试验井表明，合层排采主要取决于储层压力梯度、临界解吸压力、地层供液能力、渗透性。

煤层气井排采是一个降压解吸的过程，通过排出进入井筒中的水来降低储层压力，至临界解吸压力后，煤层气开始解吸产出，在单层开采中，要尽量保证煤层处于液面以下，以避免煤层的过早暴露对储层造成伤害。同理，对多层开采，也要保证煤层尽量在井筒液面之下，与之不同的是要保证组合开发层段中的所有煤层都尽可能处于井筒液面以下。在压力梯度、供液能力及渗透性一致的条件下，首先要保证当井筒液面降低至最上部煤层时，组合层段中的所有煤层均已开始产气，即至少满足上下煤层的解吸压差等于层间液柱高度压差，才有可能实现“1+1 = 2”。而要保证较长的产气叠合时间，必须满足上下煤层的解吸压差小于层间液柱高度压差。理想情况下，多煤层合层排采大致可以划分为以下 3 个阶段（图 3.13）：上部煤层先解吸产气，下部煤层尚未解吸；随着流压降低，下部煤层达到解吸压力点开始逐渐解吸；随着继续降压，动液面下降，上部煤层裸露产气量有所降低，主要由下部煤层贡献。

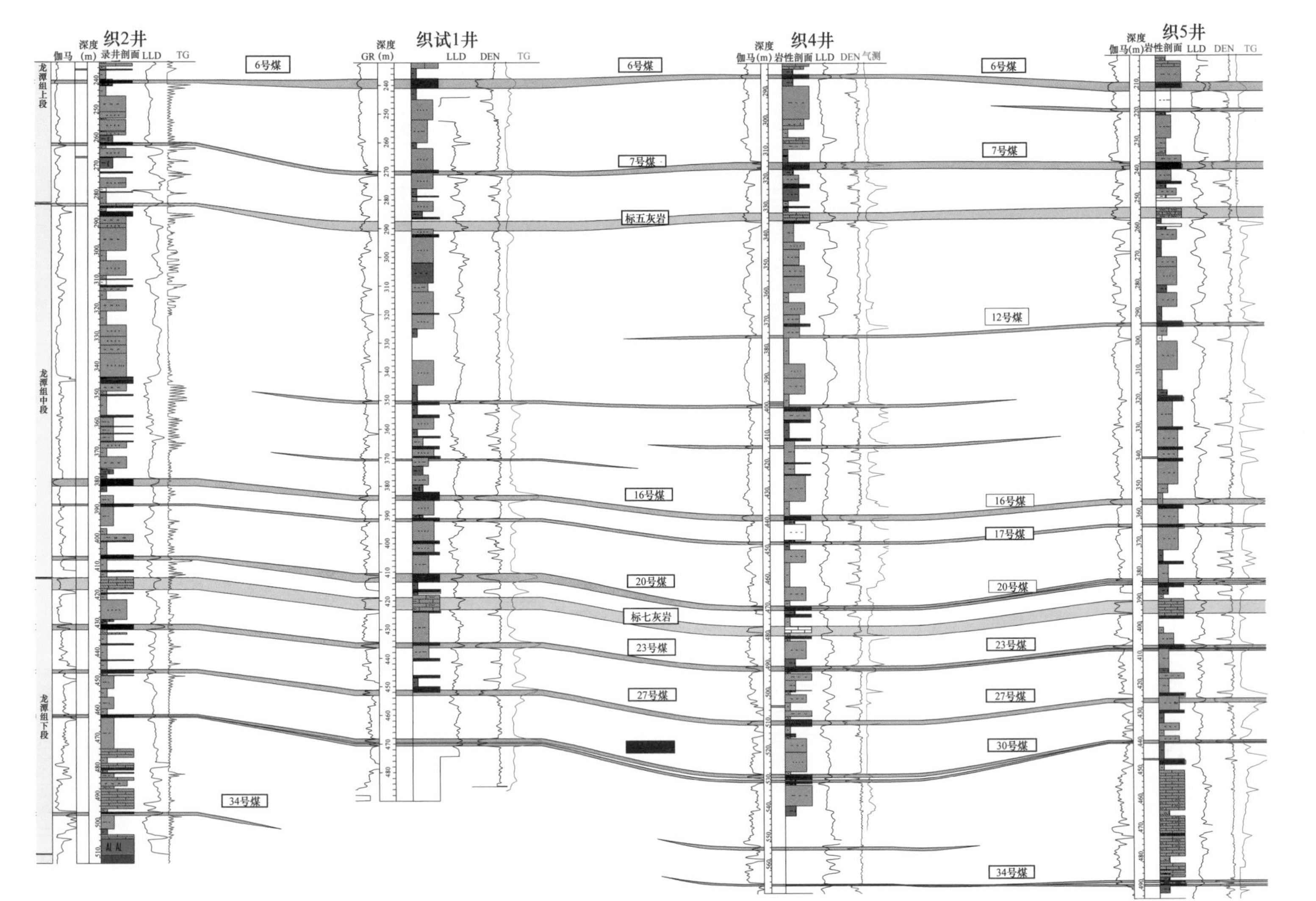

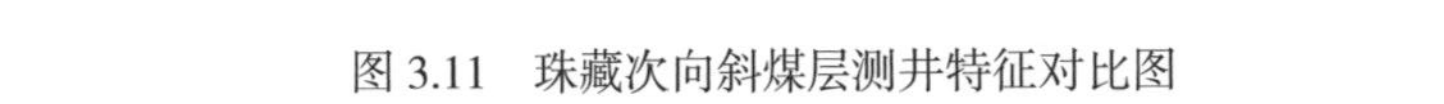
图 3.11　珠藏次向斜煤层测井特征对比图

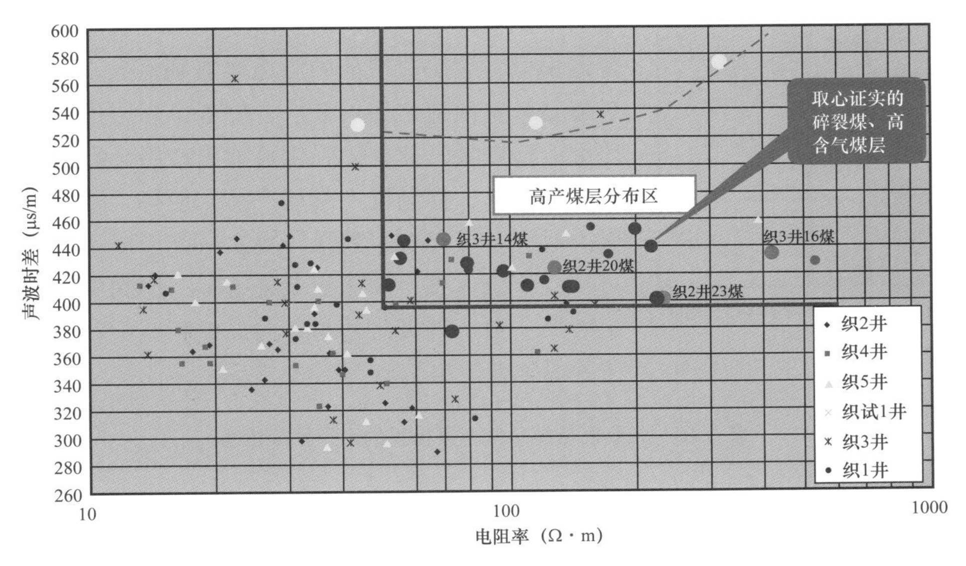

图 3.12　织金压裂煤层测井数据对比

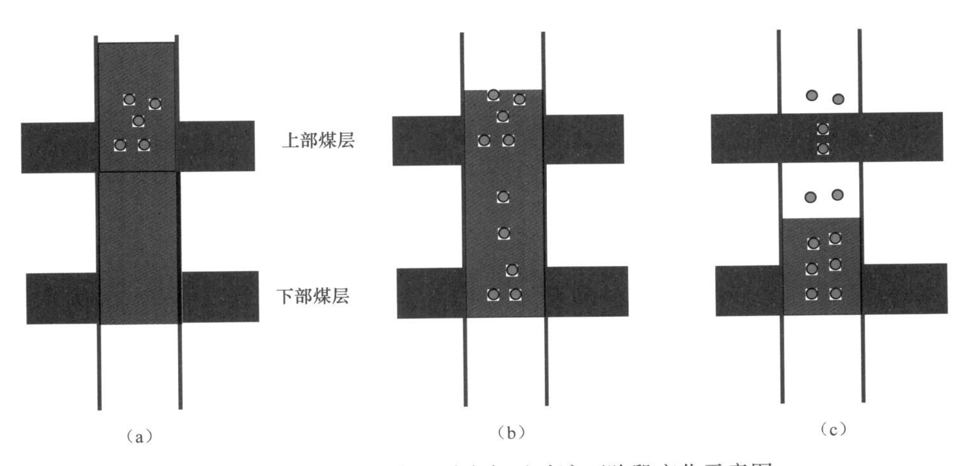

图 3.13　多煤层联合开采产气及动液面阶段变化示意图

如图 3.14 所示，在压力梯度、供液能力及渗透性一致的条件下，假设 1 号煤层和 2 号煤层临界解吸压差为 p，煤层间距为 h，上下煤层层间液柱高度压差为 $p_{j1}-p_{j2}$，那么，只有当上下煤层的解吸压差小于或者等于层间液柱高度压差的情况下，才能保证所有煤层全部解吸，即：

$$p_{j2}-p_{j1}\leqslant p\Delta h$$

在保证组合层段中的煤层气临界解吸压力差值满足条件之后，还需要考虑组合层段中储层压力梯度差值大小，在同一组合层段内，储层压力梯度差值不能过大，若组合层段内煤层的储层压力梯度差值过大，则会造成储层流体的倒灌，阻碍储层压力梯度低的煤层流

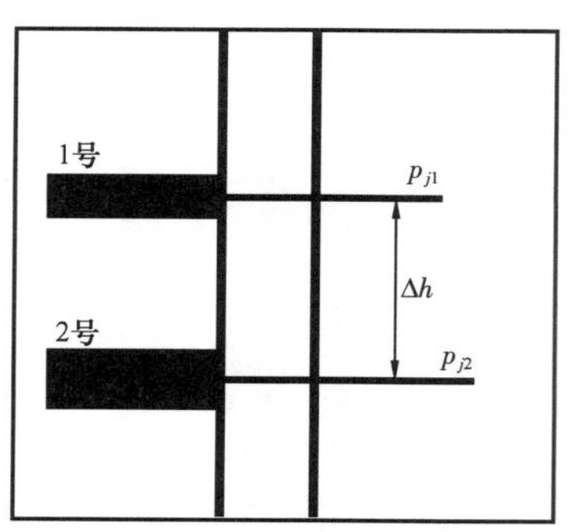

图 3.14　合采兼容性评价模式图（临界解吸压力）

体产出。同时，对于渗透率差异较大的储层，高渗透储层会屏蔽低渗透储层，由于滇东黔西地区煤储层渗透率普遍偏低，储层改造前的渗透率差别不大，煤层气开发过程是针对改造之后的储层，即各个煤层可改造能力及压裂改造效果。此外，强供液能力产层会影响其他煤层压降的传递，抑制低产水层产能，使得合采产能严重偏低。对比各煤组合采效果，本次研究形成了多煤层合采可行性评价体系，即压力系统统一、层间供液均衡、压裂效果一致、解吸压差与垂向高差相匹配、纵向跨度小于 60m（表 3.10）。

表 3.10　织金区块煤层气合层排采的可行性分析表

控制因素	合采可行	合采不可行
储层压力梯度	相差不大 （一般不超过 0.5MPa/100m）	相差较大
供液能力	相差不大 （一般不超过 $1.5m^3/d$）	供液能力差别大，特别是下部煤层供液能力远远大于上部煤层、且有越流补给
渗透性或压裂效果	相差不大	差别比较大
临界解吸压力	同步解吸：$\Delta p_{cd}=\Delta ph$ 下部煤层先解吸：$\Delta p_{cd}>\Delta ph$ 上部煤层先解吸：$\Delta p_{cd}<\Delta ph$	上部煤层解吸压力远大于下部煤层解吸压力
纵向跨度	相差不大 （一般不超过 60m）	相差较大（>60m）

第 4 章 多层合采控产机理及开发方式优化设计

开发早期，对织金区块进行了试验性压裂排采，开发方式包括直井和水平井，开发层位涵盖单煤层开发、单煤组内多煤层合层开发及多煤组多煤层合层开发，压裂方式涉及笼统合压、分段分压等方式。通过分析不同井改造、产层组合方式及产能差异性，探讨煤层气开发过程中存在的问题，求索多煤层区煤层气产能主控因素及高产指标，为进一步落实单井产能，明确井网、井距的适应性，优化排采制度及确定适合多煤层区煤层气经济高效开发的有效途径提供地质依据和技术支撑。开发试验阶段，共有 11 口投入压裂排采，分别位于岩脚向斜的比德次向斜（织 6 井、织 7 井、织 8 井、织 10 井）、三塘次向斜（织 3 井）、黔西向斜（织 1 井）及珠藏次向斜（织 2 井、织 4 井、织 5 井、织 9 井及织 2U1 井）。其中，织 1 井、织 3 井、织 6 井、织 7 井、织 8 井、织 10 井 6 口井已完成地质评价并关井停产（表 4.1）。整体上，前期排采井表现为数口井突破，其中，织 4 井日产气峰值为 3172.24m^3/d，织 2U1 井日产气峰值为 5839m^3/d，这表明多煤层区煤层气具有高效开发的潜力，且水平井是一种针对中—薄厚煤层的有效手段。但由于缺乏明确的产层组合设计依据和方法，多数井表现为低产，少数井不产气，需进一步优化设计，形成有针对性的开发技术对策。

表 4.1 织金区块开发试验井基本情况（截至 2018 年 5 月 18 日）

构造位置	井号	井型	投产时间	排采时间（d）	累计产气（m^3）	累计产液（m^3）	状态
黔西向斜	织 1 井	直井	2011.5.6	859	215550	3052	关井
三塘次向斜	织 3 井	直井	—	—	—	—	关井
比德次向斜	织 6 井	直井	2011.12.1	1512	314890	630.86	关井
	织 7 井	直井	2012.9.1	1327	166270	783.23	关井
	织 8 井	直井	2012.9.1	1327	55280	909.23	关井
	织 10 井	直井	2013.10.17	917	133983	859.38	关井
珠藏次向斜	织 9 井	直井	2012.10.1	1297	232491	741.52	正常
	织 2 井	直井	2011.5.1	2393	717648	5557	正常
	织 4 井	直井	2011.11.23	2188	2455373	838.14	正常
	织 5 井	直井	2011.12.1	2312	1006498	345	正常
	织 2U1 井	水平井	2013.7.8	1776	4787746	1901	正常

4.1 煤层气单井产能影响因素定性分析

（1）煤体结构差、套压过高、单相排水阶段排采速率过快。

织 6 井 30 号和 32 号煤层合压合采，煤体结构主要为碎粒煤和糜棱煤，其中 32 号煤层中可见到容易碎的煤碎块和碎粒，煤层软导致压裂改造时煤层不容易形成人工裂缝，压裂改造效果受限。同时，织 6 井投产初期无法监测液面导致排采速率过快，该井单相排水阶段累计降液幅度为 180m，日降液幅度平均 12m/d，排水速率平均为 3.08m^3/d，煤层泄压范围有限，煤层过早裸露。此外，织 6 井在排采初期憋套压过高，见气后套压达到 2MPa，稳套压生产，压降空间有限，后期降套压生产，效果不明显（图 4.1）。

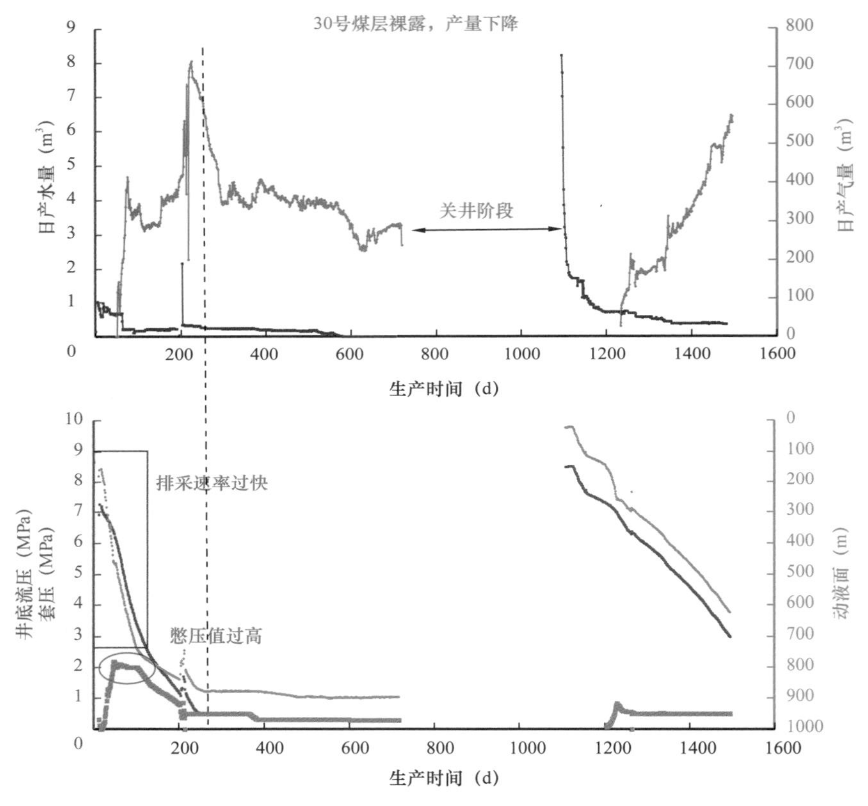

图 4.1　织 6 井排采参数动态变化特征

（2）固井质量较差，返排率低。

织 7 井低产的原因主要为煤层的固井质量较差，压裂改造效果差，织 7 井停泵压力达 23.6MPa，较织 3 井和织 4 井偏高，返排率偏低（23.17%），反映裂缝扩展半径短，储层改造效果差（表 4.2）。

（3）煤层纵向跨度大，解吸不同步，上部煤层过早裸露。

织 1 井和织 2 井煤层跨度达 150m，排采过程中，浅部煤层裸露，而深部煤层才开始解吸，上部煤层的压降未能得到有效扩展（裸露过早，定套压生产制度下压降扩展受限），多煤层共同产气难以形成合力。织 1 井第 3 段的 9 号、10 号和 11 号煤在产气量不足 100m³ 时均已全部裸露，其中 9 号煤裸露时下部的 23 号煤流压仍处较高状态（2MPa），如图 4.2 所示。上部织 2 井第 2 段 6-1 号煤与第 1 段顶部 12 号煤间距 100m，液柱压差 1MPa，参考 20 号煤 1.74MPa 的临界解吸压力计算，12 号煤进入解吸状态，6 号煤已接近裸露；上部煤层在产气量不足 300m³ 时已过早裸露，产能贡献衰减（图 4.3）。

表 4.2　织 7 井停泵压力及返排率与织 3 井和织 4 井对比分析

井号	压裂煤层号	井段（m）	破裂压力（MPa）	停泵压力（MPa）	起抽返排率（%）
织 3 井	Ⅱ5+7	698～737	27	10.2	36.65
织 4 井	Ⅰ5+6	283.9～317.0	10.1	3.9	30.05
	Ⅱ8+Ⅲ1+Ⅲ4	447.1～492.4	17.5	3.1	46.91
	Ⅲ8+11	509.7～531.3	15.4	5.3	27.3
织 7 井	Ⅰ5-1，Ⅰ5-2	1052.8～1065.1	26.7	23.6	23.17

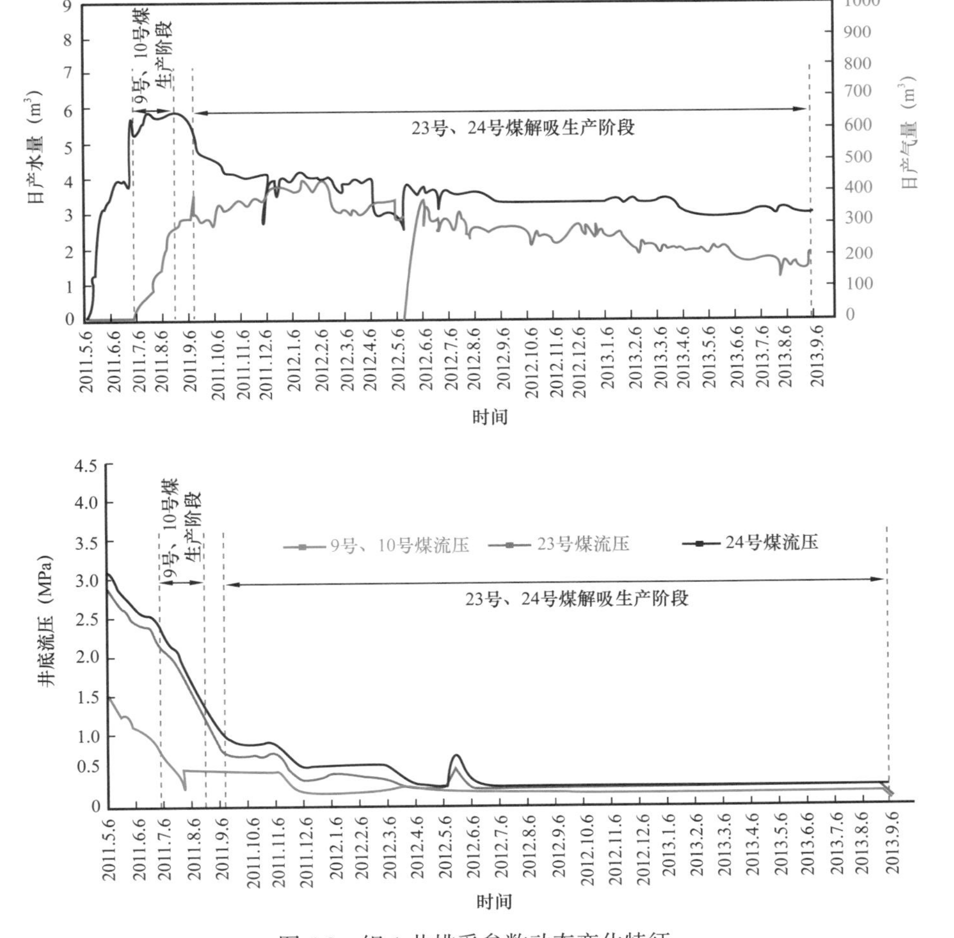

图 4.2　织 1 井排采参数动态变化特征

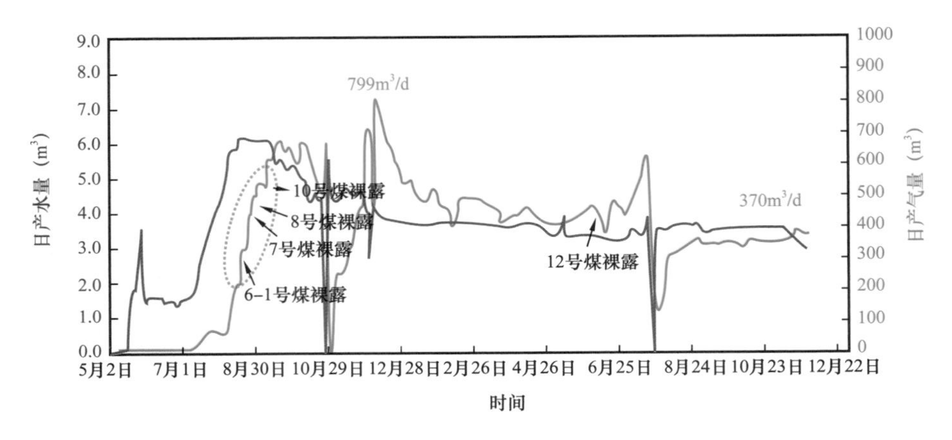

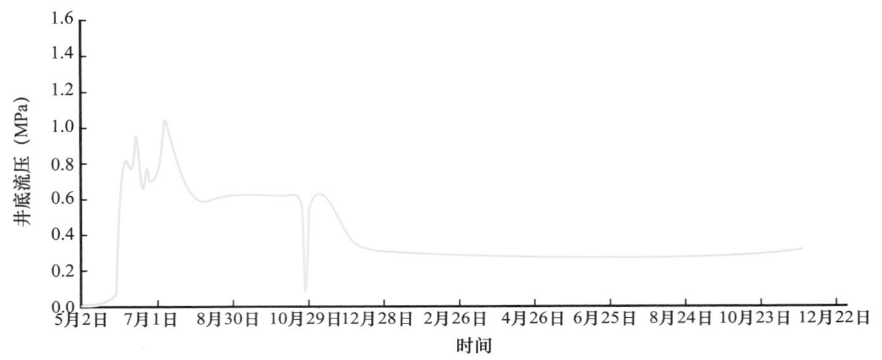

图 4.3　织 2 井前期多段分压合采排采参数动态变化

（4）多层解吸，套压难以控制。

织 5 井最大煤层间距 70m，前期套压控制较好（0.50MPa），但随着产气量大幅增长，未稳住套压，致使套压增长过快，动液面急速下降；即使随后采取阶梯式缓慢降套压制度，但伴随下部煤层解吸及裸露，日产气量振荡式增长，5 套煤层最终全部裸露，最高日产气量 2495m³；之后又采取降套压制度，期间尝试定套生产，但日产气量快速下降，随即又恢复连续降套压制度，获最高日产气量 2830m³，为求稳定产气量，采取稳套压（0.40MPa）生产 60 天，日产气下降到 1007m³，呈现阶梯式下降趋势，随后采取阶梯式降套压生产，日产气维持在 1050m³ 一段时间后，迅速持续降低（图 4.4）。

（5）地层供液能力差异大。

珠藏次向斜织 2 井早期Ⅲ煤组 20 号和 23 号煤合压合采，见气后平均日产液 0.05m³/d，最高产气 2803m³/d，其中 1200m³/d 稳产 200 天以上；2011 年 5 月封堵Ⅲ煤组，分压合采Ⅰ煤组和Ⅱ煤组，日产液 2～6m³/d；2015 年 6 月再次打开Ⅲ煤组，Ⅰ煤组 + Ⅱ煤组 + Ⅲ煤组合采，由于Ⅰ煤组和Ⅱ煤组供液能力强，产生层间干扰，Ⅲ煤组降压困难，产能无法释放，导致后期低产（图 4.5）。

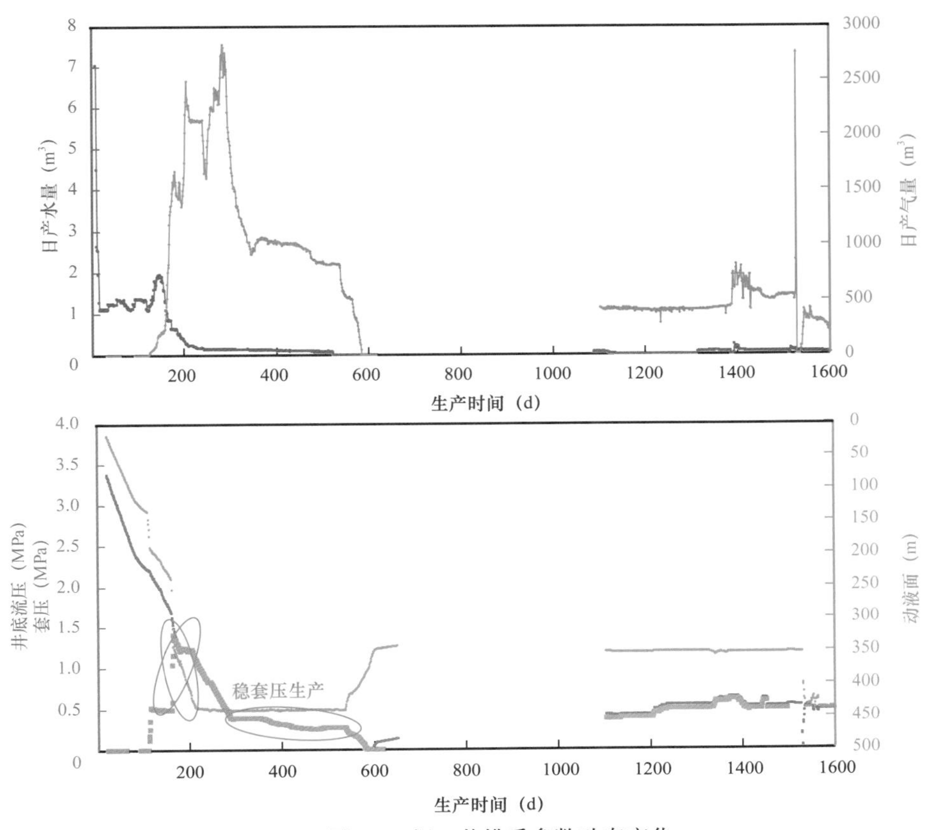

图 4.4 织 5 井排采参数动态变化

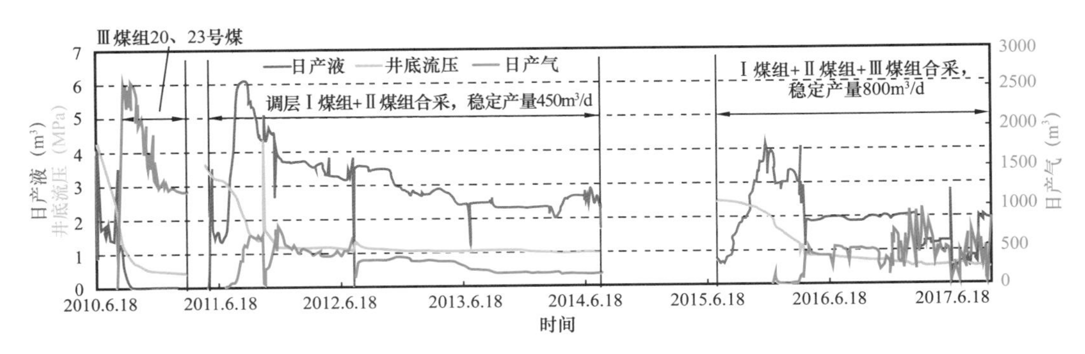

图 4.5 织 2 井合采产能阶段变化图

4.2 煤层气井产能区域差异性影响因素分析

区内部署的试验井主要分布于比德次向斜及珠藏次向斜，从排采效果来看，高产气井主要集中珠藏次向斜，比德次向斜 4 口井峰值产气量在 450～716m³/d，产气效果较差。分析认为，这种产能的区域差异性主要受控于煤层埋深、地应力、煤阶等因素影响。

4.2.1 煤层埋深

比德次向斜4口井投产层位埋深有3口超过1000m，织6井898m。总体来看，产气量随着埋深的增大而逐渐减小，当埋深大于1000m后，产气能力较差，高产气井主要集中600m以浅埋深范围内。渗透率明显下降是导致其低产的主要原因，裂缝型储层渗透率大小主要受地应力控制，渗透率随地应力增加指数递减。织金区块煤层随埋深增大地应力线性增加，产气量随地应力增加呈指数递减（图4.6）。

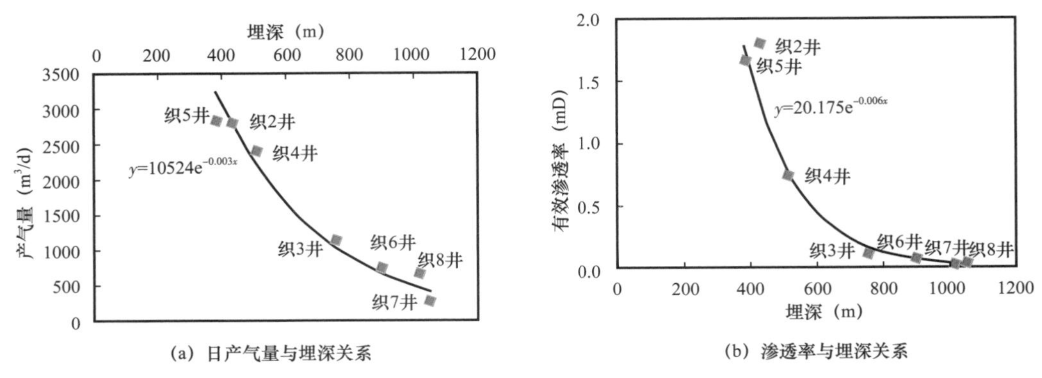

图4.6 织金日产气量（a）和渗透率（b）与埋深关系图

4.2.2 等温吸附特征

受煤热演化程度的控制，珠藏、比德两个次向斜煤岩具有不同的等温吸附特征。珠藏次向斜无烟煤典型煤岩兰氏体积为39.37m³/t，兰氏压力1.04MPa；比德次向斜贫煤典型煤岩兰氏体积为28.41m³/t，兰氏压力1.43MPa。两个次向斜等温吸附曲线形态明显不同（图4.7）：在高压区，珠藏次向斜的吸附量明显高于比德次向斜；在低压区，珠藏次向斜的曲线斜率高于比德次向斜，随压力变化，煤层气的吸附量急剧变化。

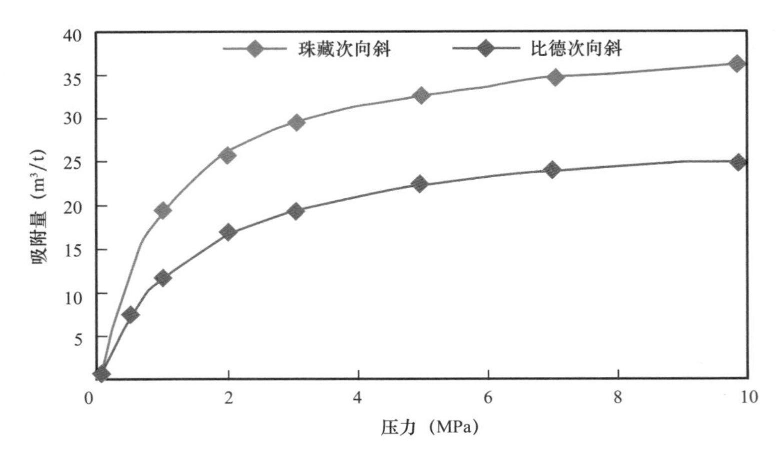

图4.7 珠藏次向斜和比德次向斜等温吸附曲线对比

通过单位压降下每吨煤的解吸量，定义为解吸效率，可以定量表征不同储层压力下煤层气解吸量。从兰格缪尔方程可知，煤层气的解吸效率即为煤层气吸附量的一阶导数。从

图 4.8 可以看出，随着储层压力的降低，煤层气解吸效率逐渐增大，在低压区珠藏次向斜的解吸效率明显高于比德次向斜。

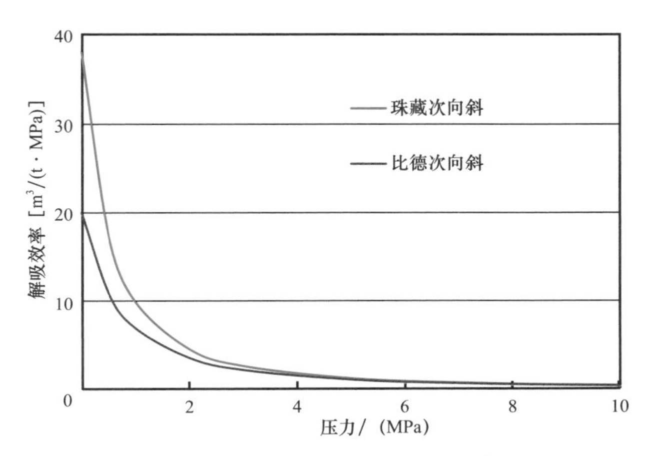

图 4.8　珠藏次向斜和比德次向斜解吸效率曲线对比

为定量分析煤层气解吸特征对煤层气产出的影响，引入煤层气等温吸附曲线曲率函数对煤层气解吸曲线进行了定量划分，通过求取等温吸附曲线曲率函数一阶导数和二阶导数得到曲率函数的驻点和两个拐点，将三个点对应的压力点分别定义为转折压力、敏感压力和启动压力。三个压力点可将等温吸附曲线划分为低效解吸、缓慢解吸、快速解吸和敏感解吸 4 个阶段。从计算结果可以看出，珠藏次向斜的敏感压力、转折压力和启动压力均高于比德次向斜（图 4.9）。

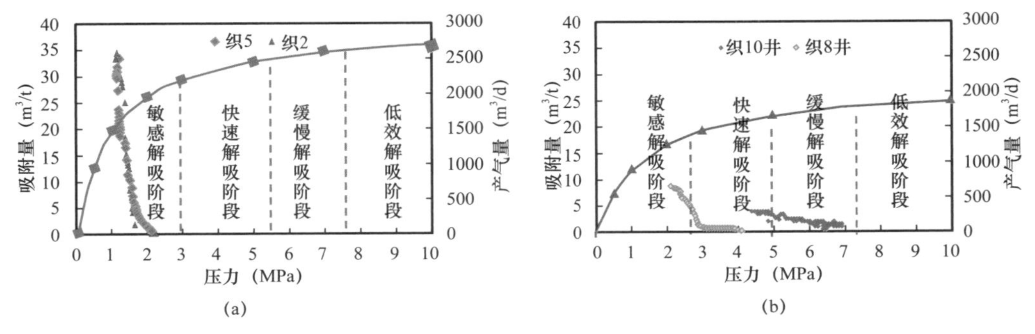

图 4.9　珠藏次向斜（a）和比德次向斜（b）解吸阶段与产气特征

珠藏次向斜主力煤层埋深 400～600m，储层压力 3.5～5.5MPa，含气量为 15～20m^3/t，实际排采得到珠藏次向斜煤层解吸压力 2～2.5MPa。依据上述划分的解吸阶段可以看出（图 4.9），珠藏次向斜煤层解吸压力位于敏感解吸区域，煤层气解吸效率高，从图 4.9 珠藏次向斜两口典型探井流压与产气量关系可以看出，煤层解吸以后，随着压力降低，煤层气快速解吸，解吸效率达到 3m^3/（t · MPa），产气量快速上涨。

比德次向斜主力煤层埋深 900～1200m，储层压力 8.5～11.5MPa，含气量与珠藏次向斜相当，也为 15～20m^3/t，实际排采得到比德次向斜煤层解吸压力 4.5～7MPa。比德次向斜煤层气解吸压力主要位于缓慢解吸阶段和快速解吸阶段初期，此阶段煤岩等温吸附曲线较为平缓，随压力降低，解吸气量小，解吸效率低，仅 0.3m³/（t·MPa）。从两口典型探井的流压与产气量关系也可以看出，煤层解吸见气后，随着流压下降，产气量上涨缓慢，织 8 井流压降低至邻近敏感压力时，产气量开始快速上涨，与敏感解吸阶段煤层气的快速解吸特征相一致（图 4.9）。

4.2.3 储层可改造性

良好储层可改造性可通过压裂改造参数显现（图 4.10）。珠藏次向斜煤层埋深小于 800m，地应力低，织 2 井和织 3 井及织 4 井和织 5 井目的层显示出低破裂压力、低停泵压力、高返排率的特点，反映储层条件较好；比德次向斜埋藏 500～1500m，地应力较高，织 6 井、织 7 井、织 8 井和织 10 井显示出高破裂压力、高停泵压力及低返排率的特点，停泵压力 15～25MPa，反映出较珠藏次向斜煤层可改造性差的特点。

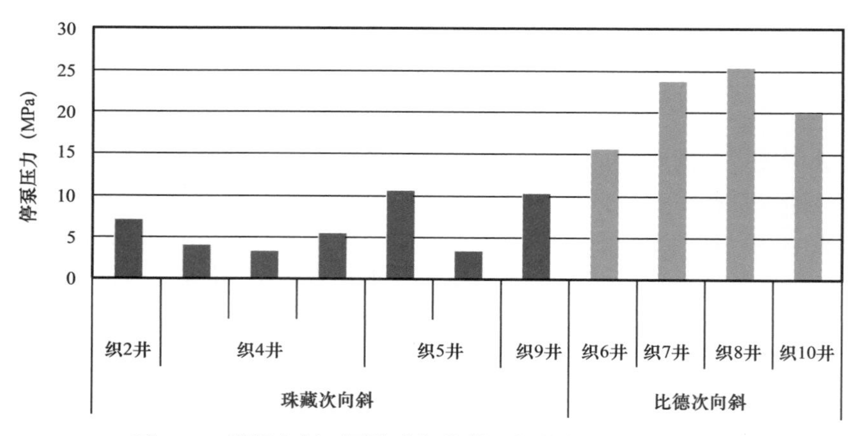

图 4.10　岩脚向斜不同构造部位煤层气井停泵压力对比图

4.3 产能贡献及开发层系组合优化

珠藏次向斜各煤组产能以Ⅲ煤组产能贡献最大，Ⅲ煤组地质条件较好，产能在 1300～2200m³/d，Ⅰ煤组和Ⅱ煤组次之，产能 400～800m³/d（图 4.11）。

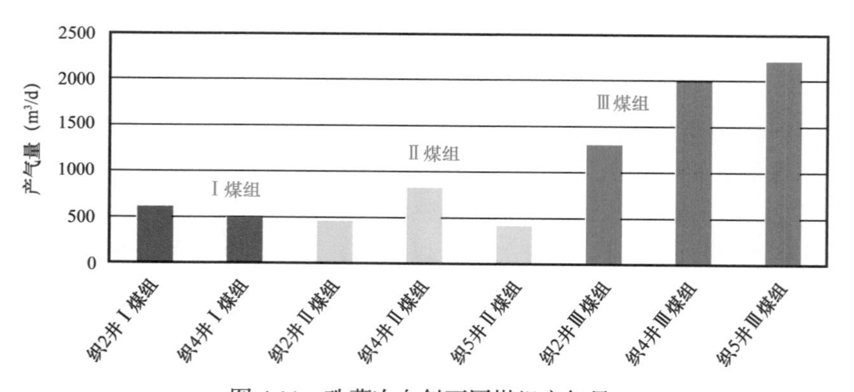

图 4.11　珠藏次向斜不同煤组产气量

此外，Ⅲ煤组煤层间距小，20～30 号煤间距小于 60m，为潮坪同一沉积类型，压力梯度相对统一，根据解吸压力与埋深关系，4 套煤层的解吸压力差 0.114MPa，基本上为同步解吸，后期排采容易控制，不容易裸露，有利于高产稳产（图 4.12）。

基于产能贡献程度、测井响应特征、合采兼容性评价以及煤层厚度（单层厚度大于 1m），基本明确了珠藏以Ⅲ煤组 20 号、23 号、27 号和 30 号煤为优选层，Ⅰ煤组和Ⅱ煤组作为资源接替的开发层系组合模式。这种单煤组合层开发有利于实现面积降压，便于实施小层分压合采，提高单层改造规模和效果。

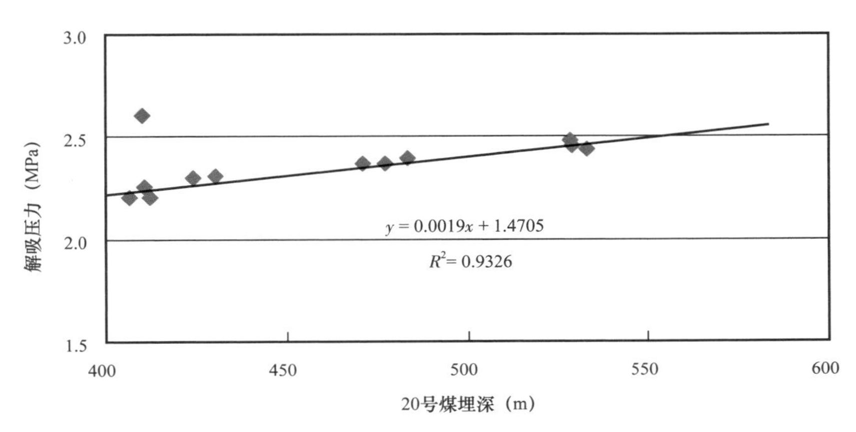

图 4.12 井组 20 号煤解吸压力与煤层埋深关系

4.4 压裂增产效果及改造方式优化

区内试验了单煤组合压合采和多煤组分压合采两种不同工艺，从开发效果来看，多煤层合压效果整体不佳，研究区 4 口合压合采井，除织 3 井最高日产超过 1000m^3，其他产气效果不理想（图 4.13）。主要原因表现在（图 4.14）：

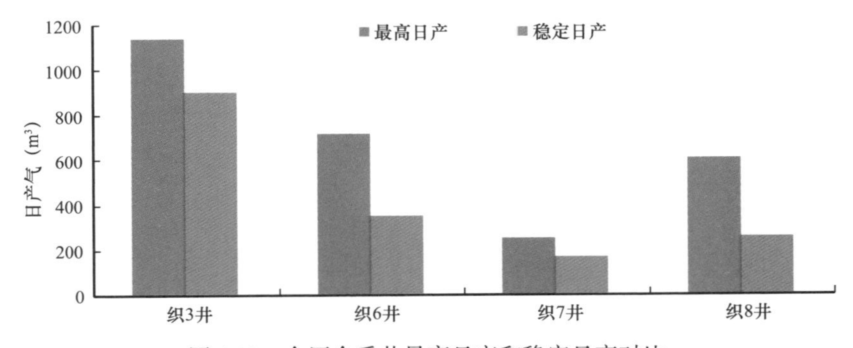

图 4.13 合压合采井最高日产和稳定日产对比

（1）总体压裂规模偏小，随着压裂层数、累计厚度增加，需提高液量和加砂强度；

（2）单段煤层偏多（3～4 层），合压难以全面兼顾，储层改造针对性差，部分煤层可能并未得到有效改造，见气初期无论是套压还是日产气量都呈现低缓增长态势，在一定程度上反映压裂改造有限，供气面积不足。

后期试验进组试验了 3 种压裂模式：4 层分压合采、投球 2 层分压合采、3 层分压合采。其中，4 层压裂平均总液量 1460m³，砂量平均 106m³，注液强度 169m³/m，加砂强度 12.5m³/m，目前平均日产气 1147m³；2 段 /3 段压裂井平均压裂总液量 1050m³，砂量平均 86m³，注液强度 75m³/m，加砂强度 6.1m³/m，其中分 3 层压裂井日产气 849m³，分 2 层压裂井平均日产气 539m³。总体来看，4 层分层压裂改造压裂规模大，注液强度、加砂强度明显高于早期探井和分 2/3 层合采井，平均注液强度、加砂强度达到了高产探井 1.5 倍以上，产气效果好于分 2/3 层压裂井效果（图 4.15 和图 4.16）。结合不同压裂改造方式的开发效果，基本确定了合层排采过程中以单层为改造单元采用逐层压裂方式，以确保各个产层改造充分，提高缝长和提升裂缝导流能力，保证各产层的产能贡献。

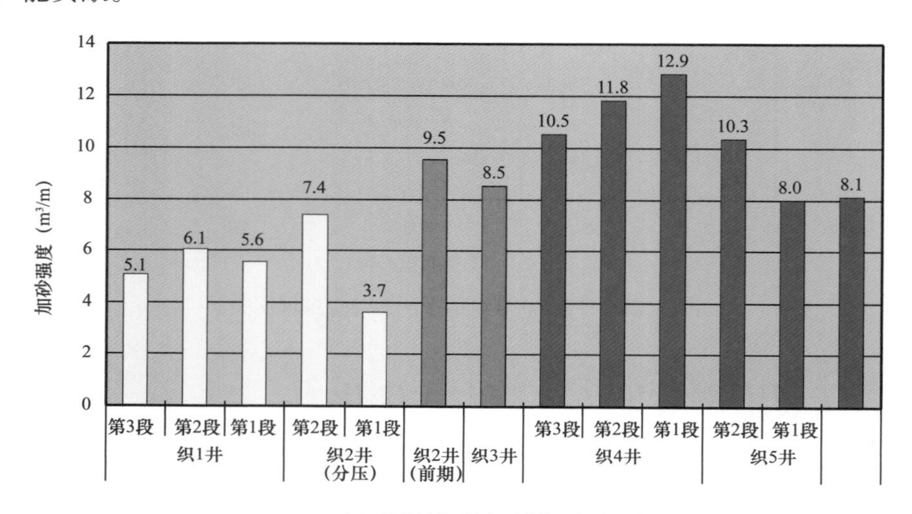

（a）织金区块3批次压裂施工加砂强度对比图

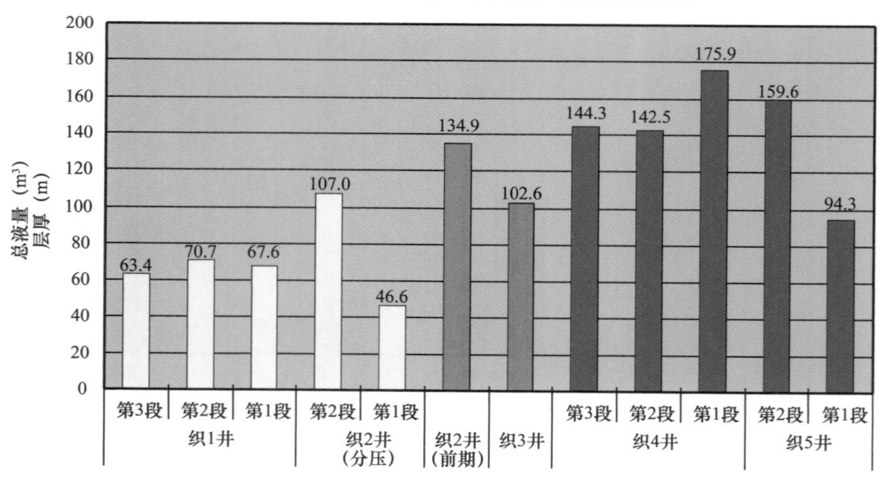

（b）织金区块3批次压裂施工总液量/层厚对比图

图 4.14 织金区块 3 批次压裂施工总液量 / 层厚及加砂强度对比图

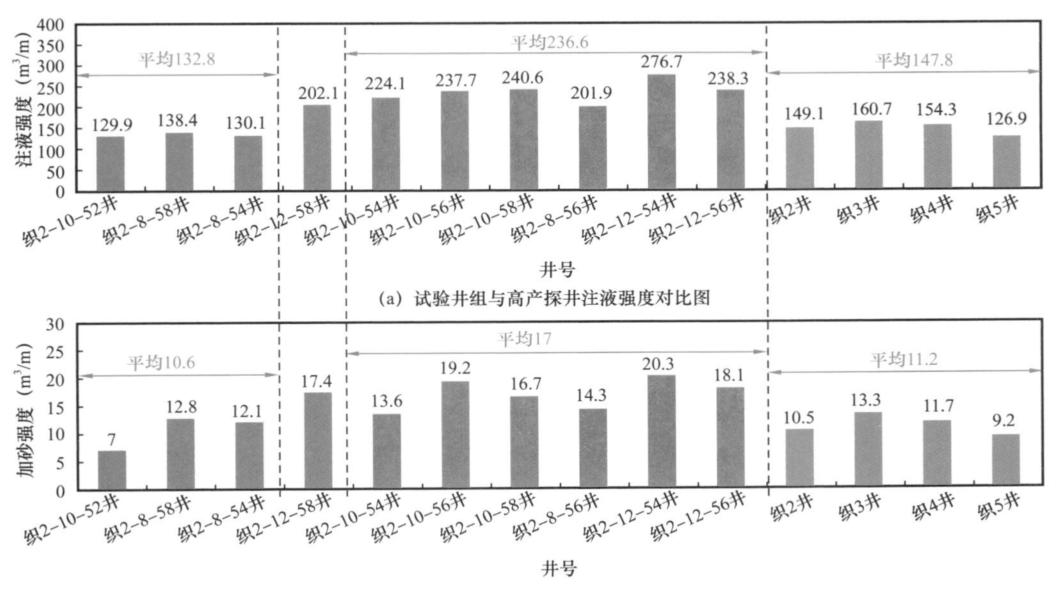

(a) 试验井组与高产探井注液强度对比图

(b) 试验井组与高产探井加砂强度对比图

图 4.15 试验井组注液强度和加砂强度对比图

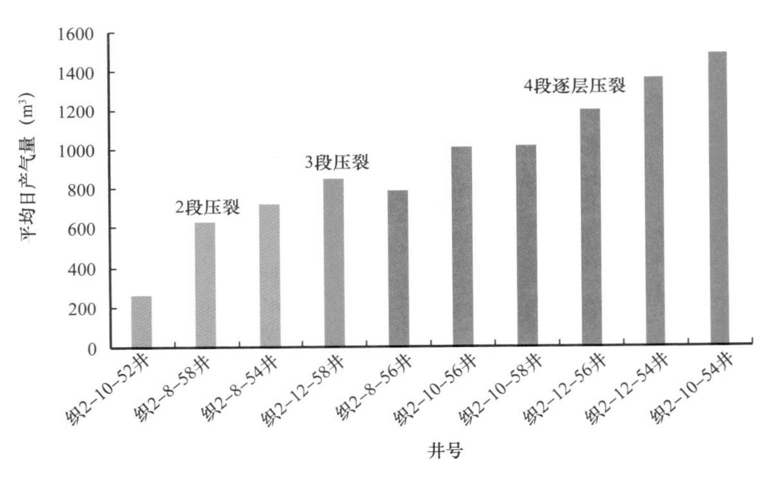

图 4.16 不同压裂改造方式日产气量直方图

第5章　煤层气开发方案优化部署研究

煤层气最大排采程度的实现，除了依赖于其本身的地质成藏条件外，还与人为实施的开发增产措施密不可分。井型选择、井位部署及井网优化是整个煤层气开发工程的核心，不仅关系到煤层气开发的合理性和科学性，更关系到煤层气经济开采效益的好坏，其既可以作为前期钻井工程的一部分进行方案设计，也可以作为后期增产措施进行补充改进。此外，煤层气排采作为煤层气开发的重要组成部分，是使地质勘探、地面建设、储层改造等大量工作转化为最终产量的过程。

5.1　主要井型的地质条件适应性及优化

5.1.1　井型适用性评价

典型比产气指数为典型产气量对应期间单位平均井底流压降幅、单位射孔段长度下的典型日产气量。典型比产气指数是反映煤储层性质、渗透率、流体参数、完井条件及泄气面积等与产量之间关系的综合指标。就研究区目前勘探开发情况来看，水平井典型比产气指数最高，直井最低。从经济效益的角度来讲，典型经济比产气指数定向井最高，直井最低。在目前的技术条件，在水平井钻遇率不能得到较好提升的情况下，织金工区多煤层合采应以定向井为主（图5.1）。

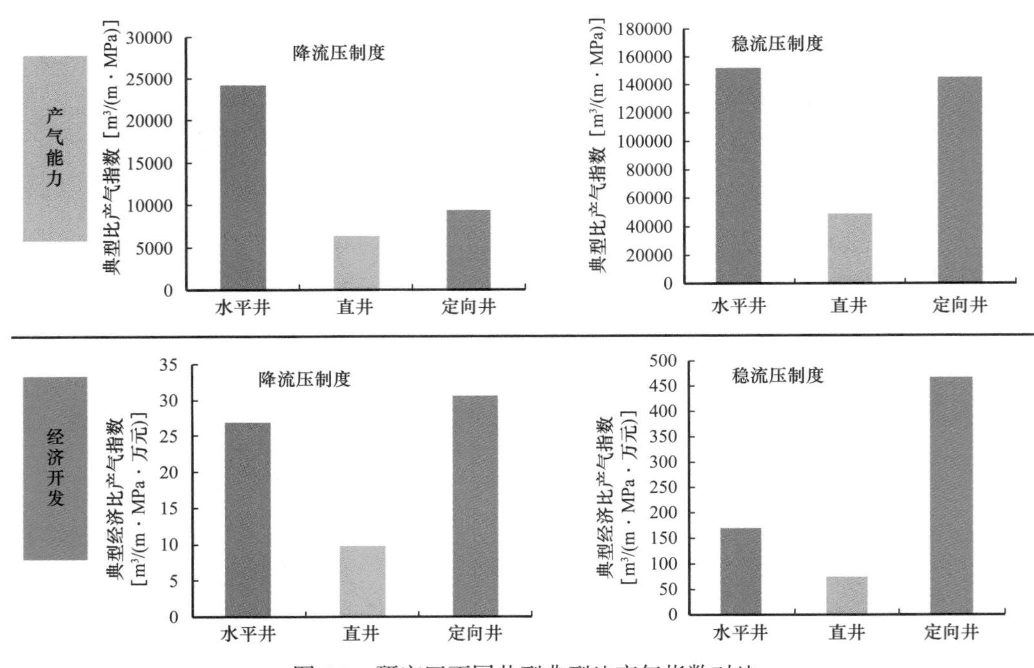

图5.1　研究区不同井型典型比产气指数对比

5.1.2 水平井井型优化设计

5.1.2.1 织 2U1P 井产能概况（U 形水平联通井）

珠藏次向斜织 2U1P 井动用Ⅲ煤组 27 号煤，水平段长度 519.2m，分 6 段压裂。该井初始动液面 0.1m，初始井底流压为 5.714MPa。该井排采 250d 后见套压，见套压时井底流压 3.5MPa，单相排水阶段累计降液幅度为 220m，日降液幅度平均 0.88m，排水速率平均为 3.64m^3/d。截至 2018 年 5 月 18 日，该井排采共计 1777d，日产气峰值为 5839m^3，平均日产水 1.07m^3，累计产气 4787746m^3，累计产水 1901.05m^3（图 5.2）。目前，该井日产气仍维持在 2000m^3/d 以上，可见，水平井是黔西地区中—薄厚煤层气开发的一种高效手段。

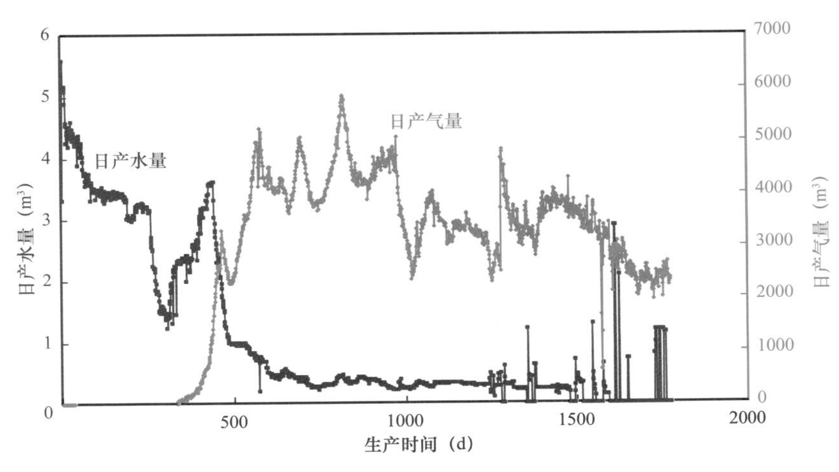

图 5.2 织 2U1P 井气水产出曲线

5.1.2.2 织平 1 井优化设计（J 形水平井）

然而，随着水平井技术与对地质条件认识不断提高，常规的水平井已经难以满足实际煤层气的开发。水平连通井技术相对复杂，需同时钻一口直井和一口水平井连通，钻完井成本相对较高。因此，中国石化进行了浅层煤层气 J 形大位移水平井钻井技术研究，并顺利钻成了 J 形大位移水平井——织平 1 井。J 形水平井是在 V 形、U 形和多分支等水平连通井基础上衍生出的一种特殊井型，因为其井眼轨迹投影侧视图类似于平躺略上翘的英文字母“J”，所以命名为 J 形水平井。J 形水平井与 V 形、U 形和多分支等水平连通井的区别是在水平段低点（A 靶点）下入射流泵排采，替代水平连通井中的排采直井。J 形水平井与水平连通井相比，减少了一口排采直井和穿针对接、连通井特殊固井等复杂工艺，可大幅降低钻完井成本。

图 5.3 所示为织 2U1P 井与织平 1 井井身结构对比。

J 形水平井技术难点主要表现在：（1）煤层比较脆，且有互相垂直的天然裂缝，钻进中极易发生井眼垮塌、卡钻等井下故障，甚至导致井眼报废。（2）二开完钻封固点垂深难以确定。J 形水平井技术套管设计封固至 23 号煤层顶（垂深）以上 2m 处，但是待钻煤层上翘、实际井眼轨迹下倾，两者相向而行，且水平段延伸方向的煤层存在一定的视倾角，易变化，煤层顶界垂深预测有一定误差，所以对二开完钻封固点垂深精度要求高，稍有误差，就会钻穿目的煤层，导致固井水泥浆压碎待钻煤层，造成三开水平段钻进煤层时出现井眼垮塌。（3）预测井眼轨迹参数困难。由于EMWD测斜仪为非近钻头测量仪，测量到的井眼轨迹参数相对滞后，选择滑动钻进和复合钻进的比例比较困难。（4）水垂比大，钻压难以有效传递。织金区块主力煤层埋藏比较浅（埋深360m），水平段长度超过500m，水平位移达818m，水垂比达2.24。水平段钻进过程中钻压难以有效传递；同时，钻柱易发生疲劳破坏，导致出现井下故障。（5）易形成岩屑床。岩屑上返过程中，由于水平段较长，岩屑在自重作用下下沉，很容易形成岩屑床，而且岩屑在钻进过程中被钻头反复切削后颗粒很细，很难从钻井液中清除。（6）套管难以下入。由于J形水平井水垂比大于2且垂深只有360m，无法靠自重顺利下入套管。针对该类井存在的技术难点，形成以下关键技术：

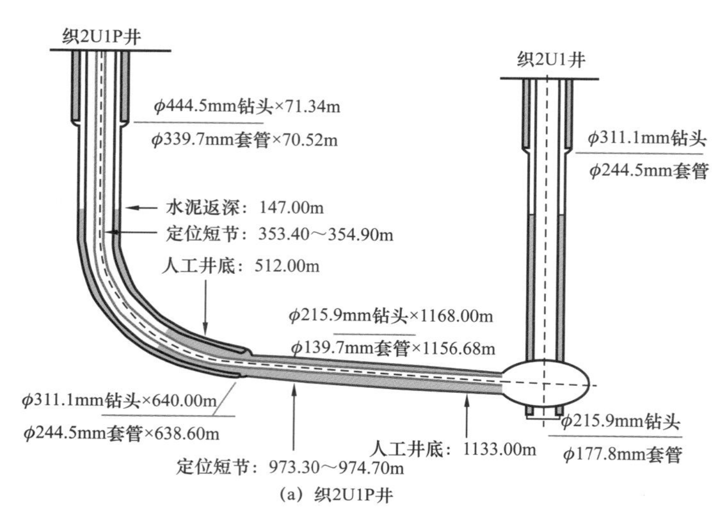

(a) 织2U1P井

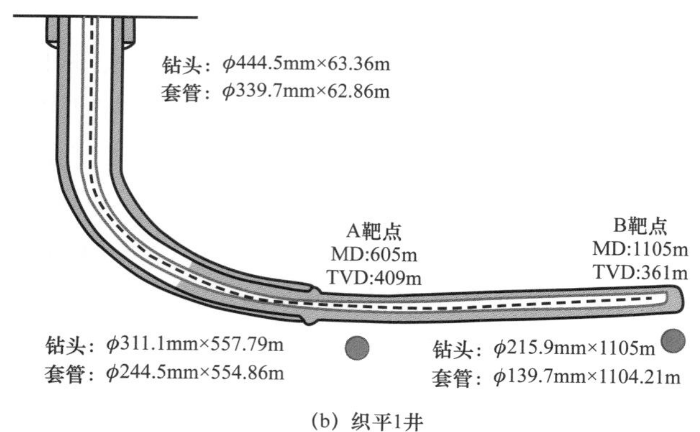

(b) 织平1井

图5.3 织2U1P井与织平1井井身结构对比图

（1）井眼轨道优化设计。

由于煤层一般较浅，在进行煤层气水平井井眼轨道设计时，需考虑以下因素：

① 水平井眼入煤层的方位。根据三维地震剖面及邻井产层的倾角方向，确定水平井井口与B靶点的方向与距离。

② 由于J形水平井水垂比达2.24，应尽可能选择摩阻和扭矩小的井眼轨道。

③ 考虑到煤层井壁稳定性差，水平井眼要处于煤层的相对稳定部位，以利于安全钻进。

④ 由于水平段上翘，生产套管下入时摩阻最大点在A靶点，因此斜井段、水平上翘段应设计得尽可能圆滑。

织金区块J形水平井选用“直—增—水平上翘”三段式井眼轨道，造斜率选择6°/30m，有利于解决因水垂比大而钻压难以传递的困难，并且将着陆点控制在水平段预计点前20m，方便在储层预测发生变化时及时调整井眼轨迹，确保按预定位置准确进入煤层。

（2）井身结构设计。

煤层气J形水平井的井身结构设计与常规油气井有所不同，需考虑J形水平井后期的排水采气和煤层井壁的稳定性、技术套管下入等因素：

① 煤层承压强度低，下入技术套管固井时要考虑防止将煤层压裂。

② 从排水采气的角度考虑，必须对煤层上部出水量大的地层进行封堵。

③ 水平井段井径需考虑井壁的稳定性及工具仪器的配套性。

④ 设计采用三开井身结构，技术套管下至23号煤层顶部，以防止裸眼段过长、摩阻系数较大，导致生产套管下入困难。

综合考虑上述因素，J形水平井的井身结构设计为：

一开采用ϕ444.5mm钻头开孔，钻过上部易漏失地层后，下入ϕ339.7mm表层套管并固井，水泥浆返至地面；

二开采用ϕ311.1mm钻头钻进，钻至距23号煤层顶2m处完钻，下入ϕ245.9mm技术套管并固井，水泥返至地面；

三开ϕ215.9mm钻头与LWD配合，增斜钻至着陆点。着陆后根据LWD测井数据控制水平段井眼轨迹，确保水平井眼在目的煤层有效延伸。完钻后下入ϕ139.7mm套管并固井，水泥返至技术套管鞋以上200m。

（3）井眼轨迹控制方法。

在分析织金区块地质特性、钻井设计的基础上，充分利用随钻测量、测井和录井等资料实时识别岩性，并根据已钻邻井测井资料解释结果找出目标煤层的地质特征，作为比对参照建立地质导向参数预测模型，提供可靠的岩性解释依据。J形水平井钻井过程中通常把煤层上下岩性较稳定的泥岩、致密顶底板作为判断钻头上、下倾的标志层；同时，结合返出钻屑、钻时变化、综合录井等相关参数分析钻头是否在目标层中穿行。根据地质参数（地层产状、岩性、物性和流体性质）和一些必要的工程参数（地层压力），能够实时监测和跟踪地质目标，并在三维地质环境中调整或修正井眼轨迹，使钻头沿着煤层物性最佳的层位钻进。J形水平井井眼轨迹控制综合分析流程如图5.4所示。

此外，还可把J形水平井的井眼轨迹投影到三维地震测线处理图上，根据区域煤层等高线和邻井测井解释结果获取待钻煤层倾角，判断井眼轨迹是否在目的煤层的最佳位置，从而进行井眼轨迹调整。煤层气J形水平井井眼轨迹控制方法和三维地质导向技术可以解决二开完钻封固点难以确定、水平段有效延伸的难题；同时，可避免或减少钻进过程中由于岩性解释造成误判，导致煤层井段反复造斜修正井眼轨迹引起的井下垮塌等复杂事故，进一步降低钻进脆性煤层时的垮塌风险。

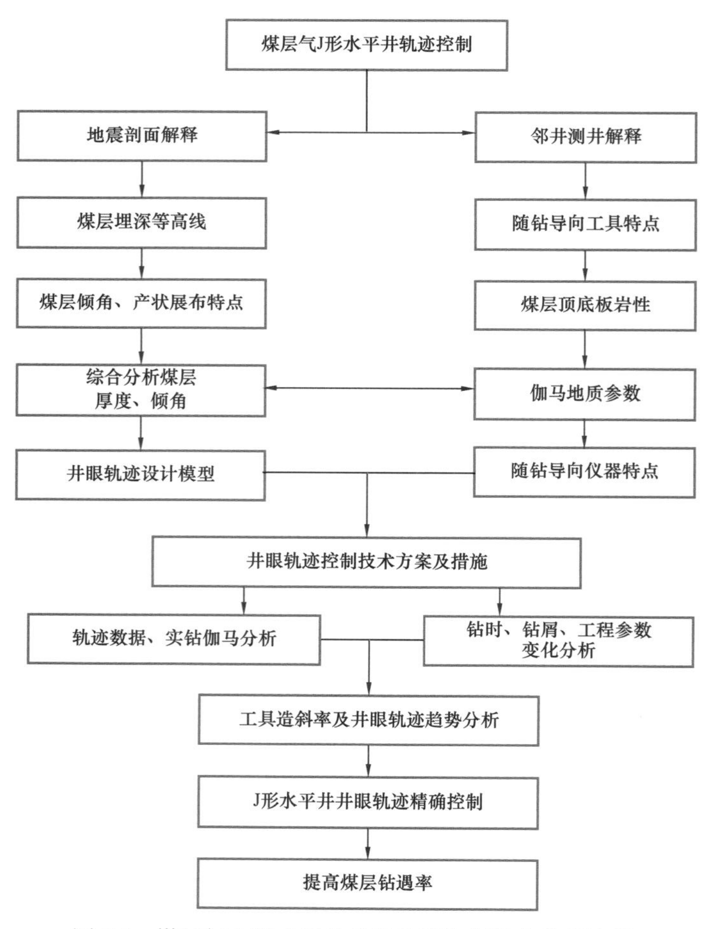

图 5.4　煤层气 J 形水平井井眼轨迹控制综合分析流程

（4）井眼清洁技术。

① 选择合适的钻井液排量。钻进易坍塌地层时，在满足携岩的前提下，应尽可能降低排量，以利于保持井壁稳定；钻井液携岩效果较差时，应尽可能提高排量，以有利于井眼净化，解决起下钻阻卡和沉砂问题；在兼顾携岩和井壁稳定的同时，应确保井底压力小于地层破裂压力，以防压漏煤层。

② 建立完善的地面固相控制系统。钻井液循环出井口后使用振动筛、除砂器、除泥器、清洁器和离心机等机械设备，利用筛分和强制沉陷原理，将钻井液中的固相按密度和颗粒大小分离，达到控制固相的目的。建立钻井液沉降池，利用重力沉降进一步清除有害固相。

③ 起钻前进行充分循环，适当进行“短起下钻”。根据水平段钻进长度和振动筛上返岩屑情况，制订合理的短程起下钻措施，每次长提前先进行短程起下钻。短程起下钻之前合理提高钻井液排量和钻柱转速，缓慢上提下放钻柱，并充分循环钻井液，以达到破环岩屑床并将岩屑携带出井眼的目的。

④ 利用 EMWD 监测环空压力。利用 EMWD 随钻测量仪监测井底压力，根据实钻时的

环空井底压力变化特征判断井眼是否清洁，从而实现对井眼清洁情况的实时监控。

（5）生产套管下入技术措施。

由于J形水平井水垂比大，套管靠自重无法顺利下入，因此下入生产套管时需要采取以下技术措施：① 采用漂浮接箍；② 水平段采用滚轮套管扶正器，用滚动摩擦代替滑动摩擦，减小水平段下入摩擦阻力，每10根左右套管安放一只滚轮扶正器；③ 采用井口加压装置。

5.1.2.3 J形水平井现场试验

织平1井一开完钻井深63.36m，表层套管下深62m；二开钻至井深120.74m后开始定向钻进，技术套管下深555.79m；三开钻至井深1105m完钻，水平段长500m，水平位移818.98m，最大井斜角97.6°，钻遇煤层293m，有效煤层钻遇率达58.6%，全井施工顺利，井下安全无事故，为后期排水采气提供了良好的井眼条件。同时，该井优化采用“小段长、大液量、高砂量”压裂工艺分6段压裂以提高裂缝导流能力，总液量5708.2m^3，总加砂量276.3m^3，单段液量951.4m^3，单段砂量46.1m^3。相比织2U1P井，织平1井具有“放喷压力高、自喷天数久、见气返排率高”的特点，见气周期308天，见气前日降液面平均0.58m，见气返排率46.7%（表5.1）。织平1井解吸压力2.3MPa，控制降压速率保障稳步上产，避免快速峰值，从见气到3500m^3/d的上产周期为376天（织2U1P水平井为200天），截至2018年5月18日产气量为3881m^3/d，井底流压0.85MPa，仍具备降压空间，具备长期稳产潜力（图5.5）。

表5.1 织平1井与织2U1P井排采对比表

阶段	参数	织2U1井	织平1井
放喷阶段	井口放喷压力（MPa）	5.7	10.3
	放喷返排量（m^3）	370	1503
	放喷天数（d）	17	95
	放喷返排率（%）	8.5	26.3
排采见气阶段	见气周期（d）	334	308
	见气前日降液面（m）	0.68	0.58
	见气累计产液（m^3）	1074.07	2668.13
	见气返排率（%）	24.8	46.7

织金区块J形水平井的钻井成本为普通定向井的3.715倍；通过减少直井对接井，节约进尺703m，单井投资由U形水平连通井的1181万元降至735万元，单井投资降幅37.8%。可见，采用J形水平井开发织金区块煤层气具有较大优势，并且随着该技术的逐步提高和完善，J形水平井钻井成本还会进一步降低，采用J形水平井规模开发中—薄厚煤层群地区煤层气的优势会更明显，经济效益也会显著，值得进一步在西南地区大规模推广。

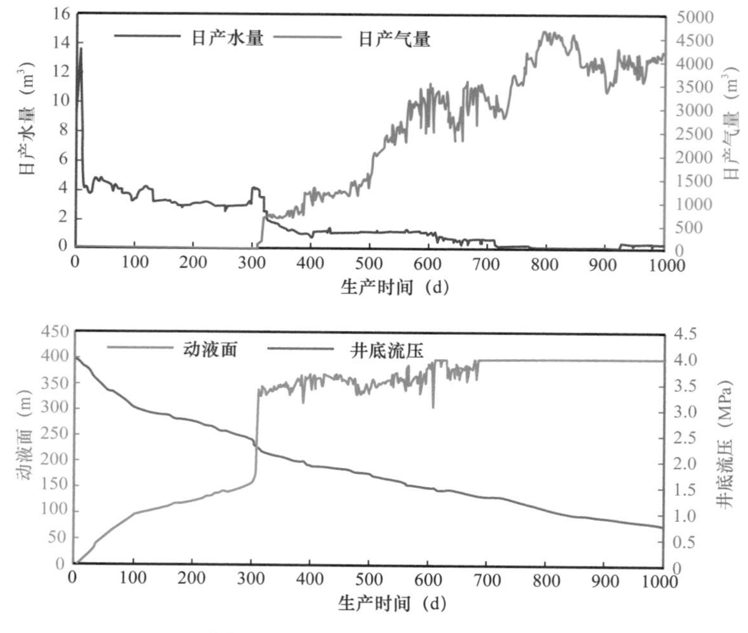

图 5.5　织平 1 井排采曲线特征

5.2　基于地质条件的井网部署方案优化

5.2.1　井网地质适配性优化

5.2.1.1　井网样式

合理的井网布置样式，可以大幅度地提高煤层气井产量，降低开发成本。煤层气井井网布置方式通常有：不规则井网、矩形井网、五点式井网等。

不规则井网：在受地形限制或地质条件发生强烈变化的情况下，采取的一种布井方式，是一种非常规的煤层气布井方式。

矩形井网：要求沿主渗透和垂直于主渗透两个方向垂直布井，且相邻的 4 口井呈一矩形。矩形井网规整性好，布置方便，是煤层气开发常用的布井方式。

五点式井网：该井网类型要求沿主渗透方向和垂直于主渗透两个方向垂直布井，在 4 口井中心的位置，加密一口煤层气开发井，使相邻的 4 口井呈一菱形，主要是针对矩形井网的一种补充或者完善形式。该布井形式的最大优点是在煤层气开发排水降压时，在井与井之间的压力降低比较均匀，可以达到开发区域同时降压的目的。

矩形井网和五点式井网是相对的，在煤层气开发规模较小或不集中布井的情况下，矩形井网和五点式井网的产能会有一定差别。大规模煤层气开发，当单井控制面积一致时，矩形井网和五点式井网布井方式对气井的产能并无多大影响。

通过对珠藏次向斜数值模拟，结果显示相同井控面积范围内采用矩形井网采出程度较高，因此选用矩形井网（图 5.6 和图 5.7）。此外，在煤层气开发初期，布井方式通常采用矩形和五点式布井方式进行对比，但是最近 3 年来，井网方式均采用矩形井网。先导性试验阶段井网部署的原则应该使试验井组的各井之间在尽量短的生产试验期内达到最大井间干扰程度。较小的井距可以使各井间产生更强烈干扰效应，可以尽快观察到试验效果。全面开发阶段生产井网的井距应大于先导性试验阶段，这样单井可以控制更大的面积，即控制更多的储量，使单井总产量增大，降低投资，从而获得更大的经济效益。考虑潜在接替层的开发，试验井组井网样式初期选择较常用的矩形井网作为煤层气开发的布井方式，后期可进行井网加密调整，演变成五点式井网。

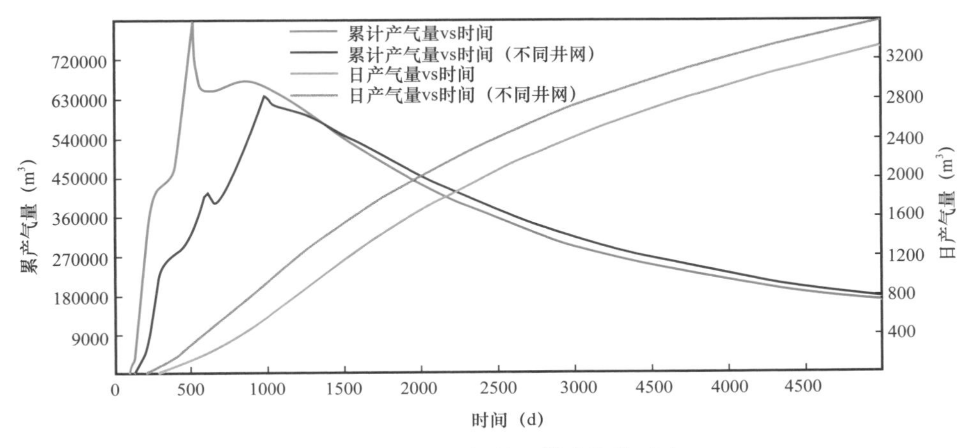

图 5.6 珠藏次向斜井网样式优化对比

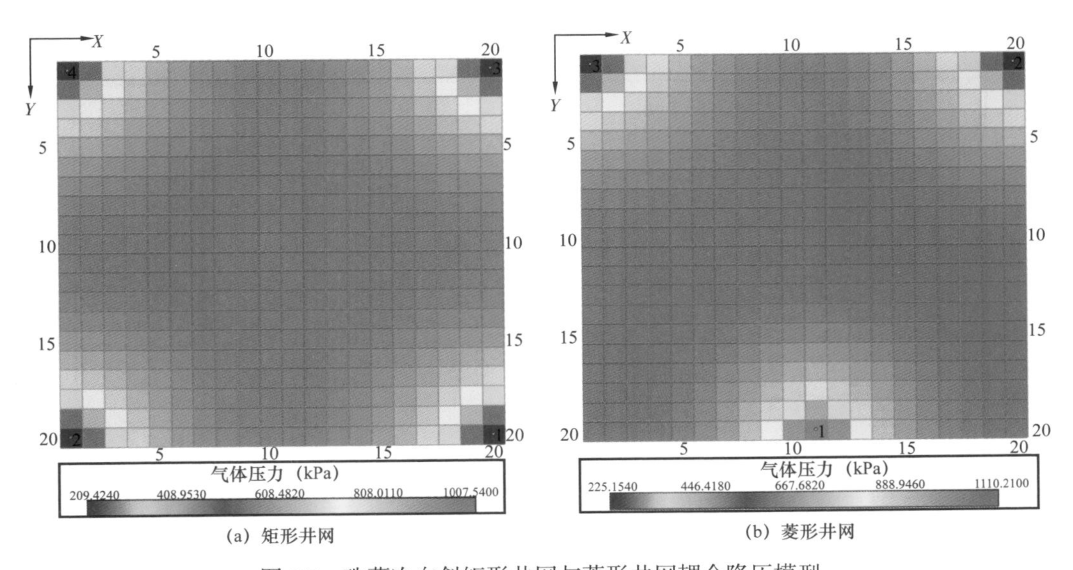

图 5.7 珠藏次向斜矩形井网与菱形井网耦合降压模型

5.2.1.2 井网方位

井网方位的确定通常根据压裂裂缝方位和主导天然裂隙方位将矩形井网的长边方向与天然裂隙主导方向平行或与人工压裂裂缝方向平行。煤层中的天然裂隙是影响煤层渗透性的重要因素，因此，煤中裂隙的主要延伸方向往往是渗透性较好的方向；人工压裂裂缝可以改善天然裂缝，使其更好地沟通，压裂裂缝主导方位多沿垂直于现今最小主应力方向延伸。为了保证煤层气开发的经济性，并最大限度提高煤层气的采收率，布井设计要求沿煤层主渗透方向井距适当加大。前期织 4 井压裂主裂缝方向为 NE68.5°，织 5 井为北东向 NE71°，裂缝缝长在 130～140m，左右裂缝半长基本一致，裂缝近直立。根据织 4 井和织 5 井压裂裂缝监测确定区域煤层最大主应力方向为 NE71° 左右，依此井网方向确定为 NE70°（图 5.8 和图 5.9）。

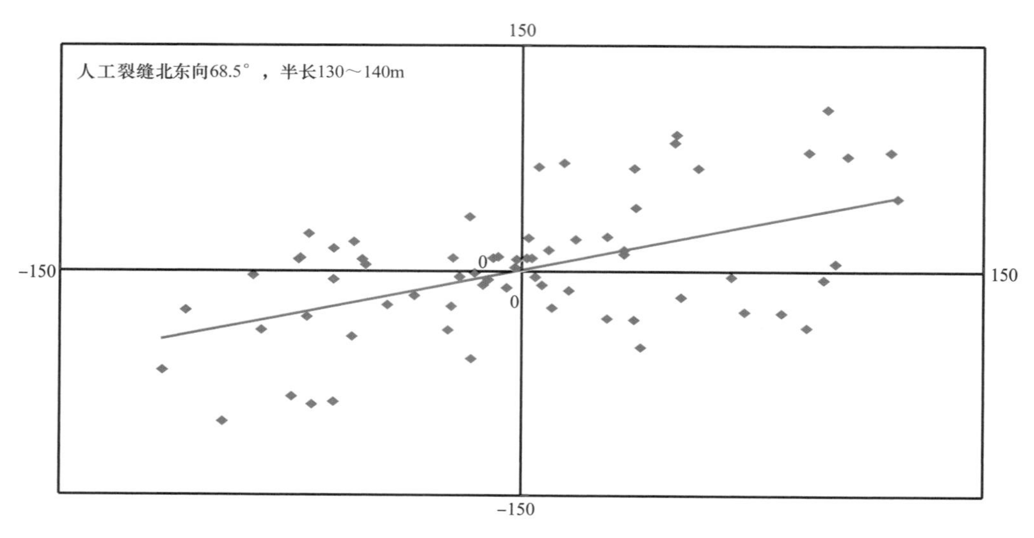

图 5.8 织 4 井裂缝检测图

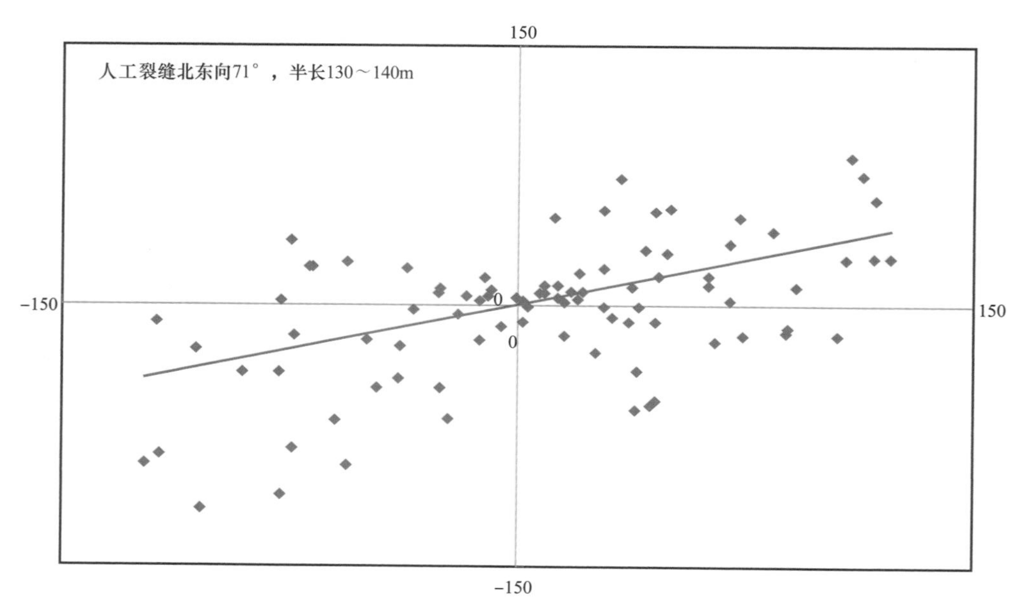

图 5.9 织 5 井裂缝检测图

5.2.1.3 井网密度

井网密度涉及气田开发指标和经济效益的评价，是气田开发的重要参数，其大小与井型和井间距大小有关。井网密度的大小取决于储层的性质和生产规模对经济性的影响以及对采收率的要求，当它与资源条件、裂缝长度等相匹配时，才能获得较高的效益。因此，产生了极限井网密度、合理井网密度以及最优井网密度的概念：（1）经济极限井网密度：总产出等于总投入，总利润为零时的井网密度。超过此密度界限，则发生亏损。（2）最优井网密度：当总利润最大时的井网密度。（3）合理井网密度：实际井网部署应在最优井网密度与经济极限井网密度之间选择一个合理值。本次采用以下几种方法计算煤层气井网密度：

（1）单井合理控制储量法。

开发井距的确定应当考虑单井的合理控制储量，使高丰度区单井控制储量不会过大，而低丰度区单井控制储量应大于经济极限储量。在此基础上根据资源丰度，进一步求取井距或井网密度。

$$G_g = \frac{dqt}{NE_r}$$

式中 G_g——单井控制地质储量，m^3；

q——稳产期内单井平均产能，m^3/d；

d——每年产气天数，取330天；

t——气藏稳产年限，a；

N——稳产期末可采储量采出程度；

E_r——气藏采收率。

珠藏次向斜含气面积为55km²，煤层气资源丰度$2.17\times10^8m^3/km^2$，资源量为$119.5\times10^8m^3$。初步设计的气藏单井服务期15年，稳产期为5年，稳产期内单井平均日产量为$1600m^3/d$，设稳产期末可采储量采出程度为65%，气藏采收率为50%。则单井控制地质储量为$0.102\times10^8m^3$，可求得单井泄气面积$0.0483km^2$，以正方形井网进行开发部署，井距为$350m\times280m$。

（2）规定单井产能法。

设一个气藏地质储量，规定了一定的产能，则可以求得单位面积上的井数：

$$nA = \frac{Gv}{330q\eta}$$

式中 G——气藏地质储量，m^3；

A——含气面积，km^2；

v——平均年采气速度，%；

q——单井平均产能，m^3/d；

η——气井综合利用率；

n——气藏开发单位面积上的井数，口。

井组部署区域气藏地质储量$119.5\times10^8m^3$，含气面积为$55km^2$，采气速度为3%，平均单井产能为$1600m^3/d$，气井综合利用率95%，正方形井网井距为$302m\times302m$（图5.10）。

（3）单井经济极限控制储量。

一口煤层气井从钻井到废弃时支出的总费用包括：钻井、储层改造、地面建设、采气成本等方面。要想取得经济效益，其总费用应该小于销售收入，这要求具备足够的储量，即单井控制经济极限储量，它是选择合理井距的一个重要经济指标。

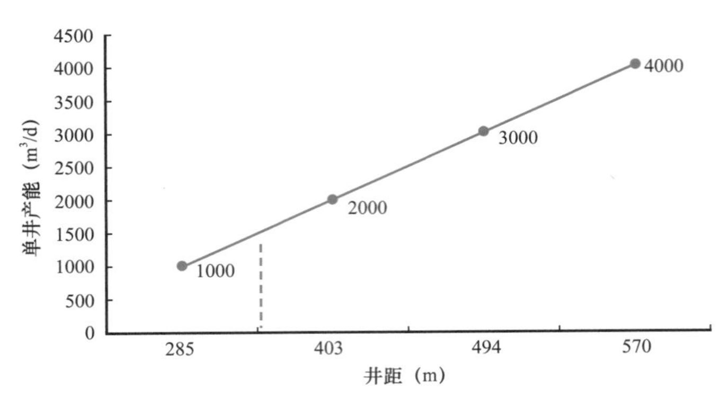

图 5.10　稳产期内单井平均产能与井距关系图

$$G_g = \frac{G + TP}{A_g E_r}$$

式中　G_g——单井控制经济极限储量，m^3；

C——单井钻井和气建合计成本（包括钻井、储层改造、地面建设系统工程投资分摊），元 / 井；

P——单井年平均采气操作费用，元 /（a · 井）；

T——开采年限，a；

A_g——煤层气售价，元 /m^3。

由于经济极限井距的大小同时受资源丰度的影响很大，在不考虑井网密度对于采收率的影响时，根据单井控制经济极限储量，可以算出经济极限井距。经济极限井距如下式：

$$D = \sqrt{\frac{G_g}{F}}$$

式中　D——经济极限井距，m；

F——资源丰度，$10^8 m^3/km^2$。

单井钻井和气建合计成本采用 185 万元 / 井，单井年平均采气操作费用 20 万元 /（a · 井），开采年限 10 年，煤层气售价 1.7 元 /m^3，煤层气采收率 50%。则单井经济极限井距为 350m × 300m（图 5.11）。

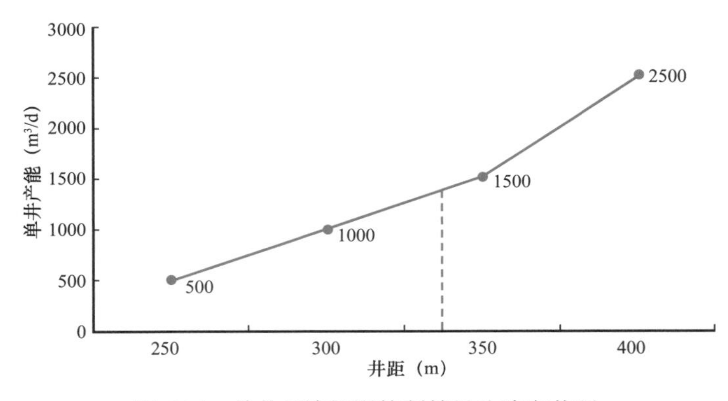

图 5.11　单井经济极限控制储量法确定井距

（4）经济极限—合理井网密度法。

当资金投入与产出效益相同时，即气田开发总利润为0时，对应的井网密度计为经济极限井网密度：

$$SPAC_{\min}=\frac{\left[aG\left(1-T_{\mathrm{a}}\right)\left(E_{\mathrm{r}}A_{\mathrm{g}}-P\right)\right]}{AC\left(1+R\right)^{T/2}}$$

式中 $SPAC_{\min}$——经济极限单位含气面积上的井数；

A——含气面积，km^2；

G——探明地质储量，m^3；

A_g——煤层气售价，元/m^3；

C——单井钻井和气建总投资（包括钻井、储层改造、地面建设系统工程等分摊投资），元/井；

E_r——煤层气采收率；

T——评价年限，a；

P——平均采气操作费用，元/m^3；

R——贷款利率；

a——商品率；

T_a——税收率。

如果选用合理利润 $L_R=0.15A_gE_r$，考虑资金与效益产出因素，当经济效益最大时的井网密度为气田的最佳经济井网密度：

$$SPAC_{\mathrm{a}}=\frac{\left[aG\left(1-T_{\mathrm{a}}\right)\left(E_{\mathrm{r}}A_{\mathrm{g}}-P-L_{\mathrm{R}}\right)\right]}{AC\left(1+R\right)^{T/2}}$$

气田的实际井网密度应在最佳井网密度与极限井网密度之间，并尽量靠近最佳井网密度，可采用加三差分法：

$$SPAC=SPAC_{\mathrm{a}}+\frac{SPAC_{\min}-SPAC_{\mathrm{a}}}{3}$$

单井钻井和气建总投资为185万元/井，平均采气操作费用为0.24元/m^3，税收率为0.13，商品率为0.95，贷款利率为7.11%。评价年限15年，则织2井经济极限井网密度 $SPAC_{\min}$ 为22口井/km^2。选用合理利润为0.0825，最佳经济井网密度 $SPAC_a$ 为17口井/km^2。则气田合理井网密度为22～25口井/km^2，相应的井距为320m×320m。

（5）类比法。

根据国内外煤层气开发过程中井网的特点，煤层气井网系统主要采用矩形、菱形等，单井控制面积在0.075～0.64km^2，见表5.2。

国外主要煤层气田的井距普遍较大，井网密度较大，但由于织金区块煤层气藏呈“三低”特性的影响，井距与井网密度不宜过大；同时，考虑经济效益，优选300m×300m的井网密度较为合适。

表 5.2　国内外主要煤层气田的开发井网情况

地区	开采深度（m）	渗透率（mD）	含气量（m^3/t）	井距（m）	采收率（%）
圣胡安	150～450	30～50	12.7～20	800 × 800	65
粉河	150～500	10～500	0.6～5	400 × 400～600 × 600	70
尤因塔	400～1370	5～20	4～13	800 × 800	50
拉顿	150～1200	1～10	3～14	800 × 800	55
黑勇士	500～1200	2～6	6～20	400 × 400～600 × 600	50～60
阿尔伯特	200～800	20～30	20～30	800 × 600	55
苏拉特	200～800	10～25	3～9	800 × 600	—
沁南枣园	250～1000	0.01～3	5～27	450 × 400	54
沁南潘河	250～1000	0.01～3	5～27	300 × 300	—
沁水潘庄	250～1000	0.01～3	5～27	350 × 300	—
沁水—和顺	250～1000	0.01～3	5～27	300 × 250	—
韩城	250～1000	0.01～3	5～27	400 × 350	—
阜新	550～850	0.47	2.3～16.2	500 × 450	—

（6）合理井距—最优井网密度法。

合理井距—最优井网密度法是先通过模糊数学评价求得合理井距、最优井网密度，其次分别求出所需总井数，对井数“加三差分”之后，得出新井数，最后将井数转化为井网密度，具体计算方法如下：

合理井距 d_1 对应井数 n_1，最优井网密度 S 对应井数 n_2，加三差分井数 n_3：

$$n_1 = \frac{A}{d_1^2}$$

$$n_2 = \frac{A}{S}$$

$$n_3 = n_1 + \frac{(n_1 - n_2)}{3}$$

加三差分井数转化为井网密度 SPC：

$$SPC = \frac{A}{n_3}$$

$$2\ln S - zS = \ln(\frac{N_1}{zN_2})$$

$$N_1 = DA(1+i)^T$$

$$N_2 = [(1-\omega)Pa - (C_1 + C_2)]N_P \frac{(C_i - C_a)}{C_i}$$

式中 A——含气面积，km^2；

S——井网密度，km^2/井；

z——定量反映井网的几何形状、气藏地质特征（含气量、表皮系数、渗透率、割理孔隙度等）以及解吸能力（临储压力比等）的系数，无量纲。

i——固定投资贷款利率；

T——评价年限，a；

D——单井固定资产投资，元；

ω——单位收入各种税金之和；

P——煤层气销售价，元/m^3；

a——商品率；

C_1——平均产气生产费用，元/m^3；

C_2——平均产气的其他费用，元/m^3；

C_i——初始煤层气含量，m^3/t；

C_a——废气压力下的煤层气含量，m^3/t；

N_P——地质储量（动用），10^8m^3。

通过模糊数学评价求得织2井和织3井合理井距均为300m×350m。

（7）井网密度优选。

国内煤层渗透率普遍相对较低，因此煤层气井距比国外要小。沁南枣园试验井组采用400m×450m的井网，已经生产近10年，其中的TL-003井产气量仍然维持在2000m^3/d；沁南潘河先导性试验工程采用300m×300m的井网生产效果良好，目前平均单井产气量为3400m^3/d；潘庄项目煤层气开发井网采用300m×350m的井网。

织2井组位于先导试验区，为尽快实现井间干扰，获取排采参数，同时考虑经济效益，经过研究对比各种方法所得井网密度值的可采用程度（表5.3），并考虑到井网样式为矩形井网，确定珠藏试验井组均以300m×300m和300m×350m的井距较为适合。

表5.3 不同方法确定织金试验井组合理井距数据表

计算方法	区块面积（km^2）	资源丰度（$10^8m^3/km^2$）	资源量（10^8m^3）	单井控制储量（10^8m^3）	井距	备注
类比法	55	2.17	119.5	0.158	350m×300m	300m×300m和300m×350m井距较合理
单井合理控制储量法				0.102	350m×280m	
规定单井产能法				0.192	302m×302m	
经济极限井距				0.091	350m×300m	
经济极限—合理井网密度法				0.151	320m×320m	
合理井距—最优井网密度法				0.19	350m×300m	

5.2.2 压裂工艺参数优化

5.2.2.1 裂缝参数的优化

（1）缝长的优化。

根据总体压裂方案的原则，在按给定井网条件下，确定出最佳裂缝半长。织金煤层气的开发采用 280m × 280m 和 300m × 300m 的矩形井网。根据数值模拟结果显示，随着裂缝长度的增加，波及范围的增大，累计产气量呈现明显的上升趋势。织金区块煤层压裂为了达到好的改造效果，应尽可能地延伸裂缝半长；同时，考虑到防止邻井压裂裂缝的对穿，优化裂缝穿透比率为半距的 0.8～0.9，则缝长控制在 120m 左右为宜（图 5.12）。

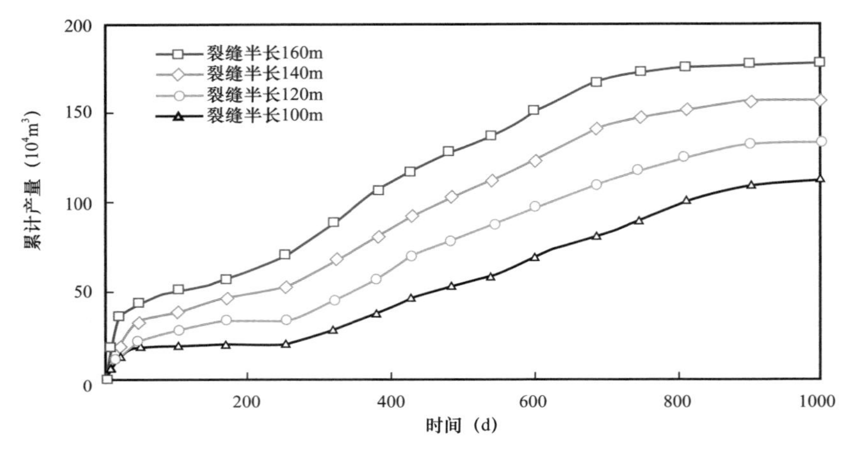

图 5.12 裂缝半长与累计产气量对比图

（2）导流能力的优化。

产量随裂缝导流能力变化的关系，与裂缝长度有着类似的影响。随着裂缝导流能力的增加，产量也在增加，增产效果越好，导流能力超过 20D · cm 后，增幅放缓。从验证最大产能的角度出发，推荐织金开发井组压裂裂缝的导流能力取 20～25D · cm 为宜（图 5.13）。

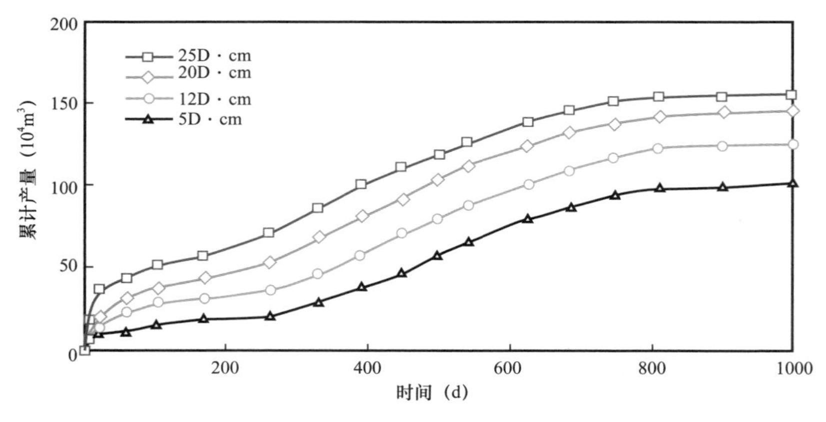

图 5.13 裂缝导流能力与累计产气量对比图

5.2.2.2 施工规模的优化

煤层气因其割理裂隙发育、非均质型极强的特点，单纯的理论研究难以准确优化出最适宜的施工参数。室内对织金区块前期已压裂井的实际排采数据结合对应的压裂施工数据进行了详细的统计。结果表明，只有适当增加压裂规模和保证压裂的完整性才能获得好的勘探效果。结合前述裂缝参数优化结果和织金区块压裂实践经验，推荐：加砂量为40～50m^3，加砂强度7m^3/m；液量700～800m^3；平均砂比11%～13%。

5.2.2.3 排量的优化

鉴于织金煤储层物性较差，渗透率较低，需通过水力加砂压裂对储层进行改造，获取支撑裂缝，扩大储层渗流有效范围。因此，需要裂缝尽可能地在煤储层内扩展，才能最大限度挖潜区块煤层气产能。施工排量是缝高扩展的重要影响因素，借鉴织金同位素监测的压裂裂缝高度和现场实际排量，采用线性回归的方式，可以得出排量与缝高的关系式（图5.14）。根据相关性分析，排量与产气量也存在正相关性，结合缝高的影响因素，推荐织金区块压裂的施工排量在7m^3/min左右。

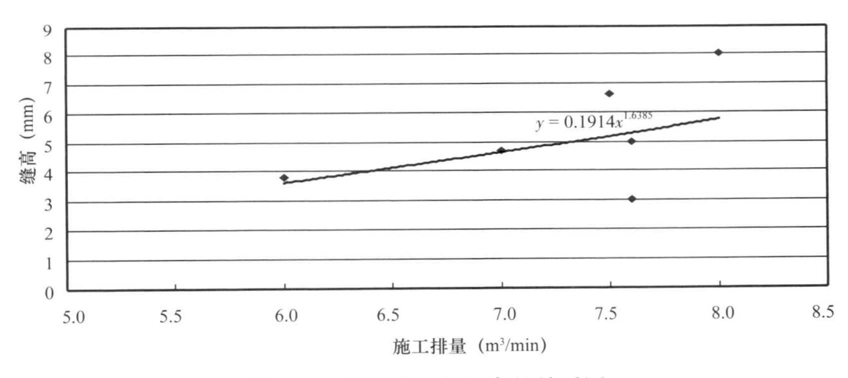

图5.14 施工排量与缝高的关系图

5.2.3 开发方案优化设计

5.2.3.1 单井产能确定

（1）试采法。

织4井采用Ⅲ煤组多段分压合采的方式，对3个煤组共7个煤层划分了3个压裂段进行了压裂作业，分层压裂施工顺利。压后根据解吸压力的不同，将龙潭组排采层依据层间物性相似层间相邻原则细划为3个单元，分别为Ⅰ-5号煤层、Ⅰ-6号煤层、Ⅱ-8号煤层、Ⅲ-1号煤层、Ⅲ-4号煤层，Ⅲ-8号煤层和Ⅲ-11号煤层；以3个单元中部流压为基准，划分11个压力阶段，在各压力阶段施行不同的降压速度，从而保证合理的排采强度和排采进度，最大限度地提高排采总量，控制煤粉过量产出，在实际排采过程中获得真实产能。

2011年11月25日投入排采，2012年1月8日见气（解吸压力2.373MPa），1月13

日套压升至 1.03MPa 点火生产，1 月 14 日至 7 月 9 日稳套压 1MPa 生产，至 9 月 8 日套压降至 0.65MPa。9 月 9 日套压迅速上涨至 1.2MPa 后缓慢降至 1.05MPa，9 月 19 日套压上涨至 1.52MPa 开始降套压生产，9 月 23 日最高日产气 2463.2m^3。2013 年 5 月 20 日接通知停抽放气，平均稳产日产气 2000m^3 左右（图 5.15）。根据织 4 井实际生产曲线确定试验井组单井日产气能力为 2000m^3/d。

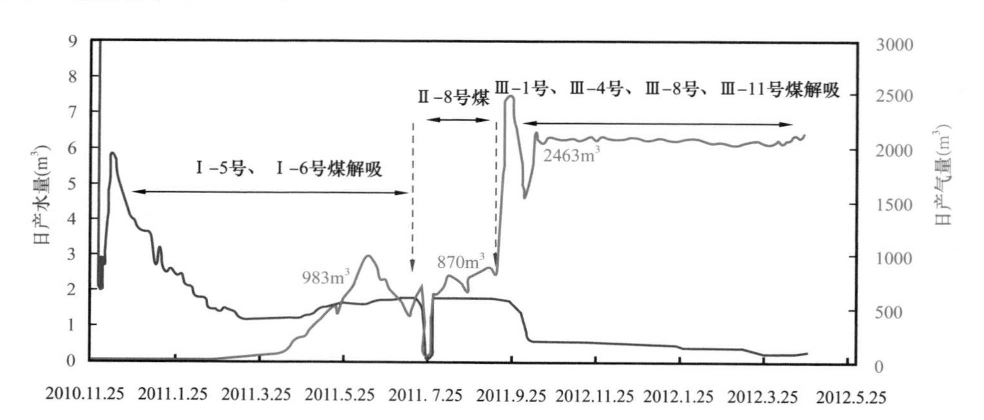

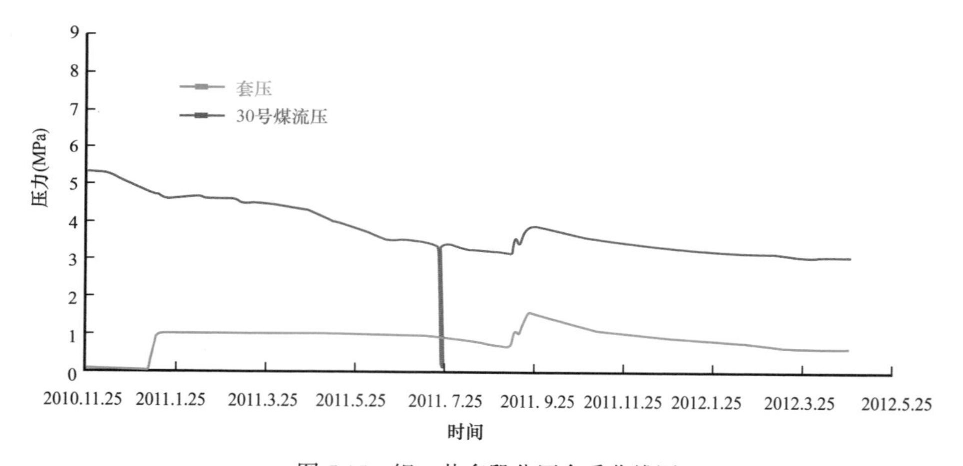

图 5.15　织 4 井多段分压合采曲线图

（2）数值模拟法。

根据织 2 井室内试验及试井实际获得地层参数，对该井进行储层产能预测，结果显示储层基本无产量。织 2 井已获最高日产气量 2802m^3，据此认为储层实际物性应好于试井解释值。根据实际排采数据，初步拟合得到织 2 井Ⅲ-1 号和Ⅲ-4 号煤层平均渗透率 2.4mD（裂缝半长根据经验取 100m），单井最高产量可达 2900m^3/d，稳产产量 1400m^3/d，数据拟合情况及产量预测如图 5.16 所示。根据织 2 井实际生产数据采用数值模拟法确定单井日产气能力为 2100m^3/d。

（3）类比法。

珠藏次向斜与邻区已开发的沐爱、古叙、恩洪等区块地质条件类似，类比法确定单井日产气量 1600m^3（表 5.4）。

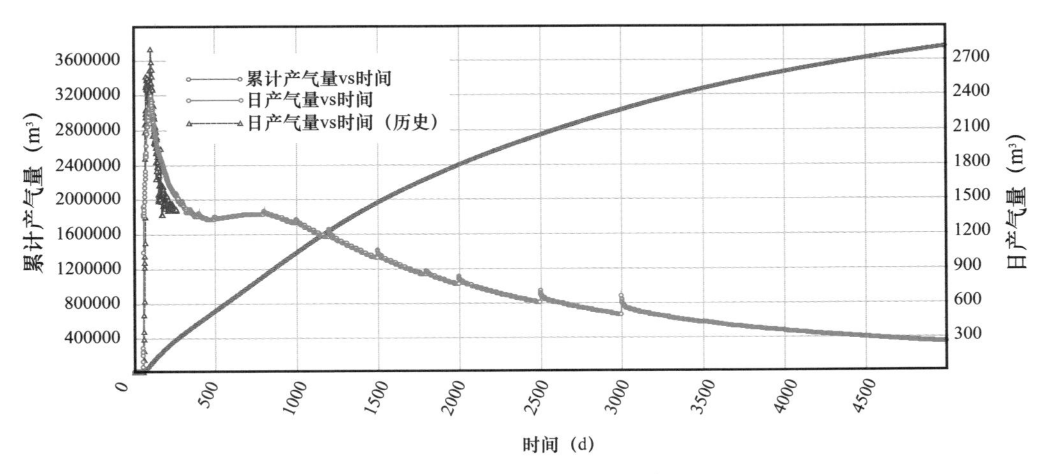

图 5.16　织 2 井历史数据拟合图

表 5.4　珠藏次向斜与邻区煤层气区块参数对比表

区块	煤层	煤层厚度（m）	埋深（m）	含气量（m^3/t）	含气饱和度（%）	渗透率（mD）	产气量（m^3/d）
沐爱	7 号	3	500～1250	16	65		1500
古叙	19 号	3	300～1500	10	51～74	0.02～0.37	1638
恩洪老厂		4	300～1000	10～20		0.0056～0.025	1851
织金	Ⅰ-5+Ⅰ-6	4.3	200～500	12	71	0.11～0.26	900
	Ⅱ-7+Ⅱ-8	2.9	300～600	14.6			1300
	Ⅲ-1+Ⅲ-4+Ⅲ-8+Ⅲ-11	4.5	350～700	16.4			2800

5.2.3.2　采气速度及稳产方式

（1）采气速度。

采气速度对煤层气开发投资的回收、采收率、生产成本等有影响。采气速度太低，影响投资回收期限。由于煤储层物性差，气体解吸速度慢，因此采气速度太高，既会影响气体的采收率，又会增加地面压缩机台数而导致成本增加。

国外成功开发煤层气藏的国家主要为美国。在确定煤层气藏采气速度方面，美国最早开发的圣胡安盆地，煤层气年产量占全国年产量的 80%，其动用可采储量的采气速度为 9.9%；黑勇士盆地年产量约占美国的 10%，其动用可采储量的采气速度约为 4.0%；最近几年美国新投入开发的盆地中，采气速度为 1.3%～3.5%。

我国鄂尔多斯盆地、塔里木盆地和四川盆地的大型常规天然气田的采气速度为 1.6%～4.2%。韩城区块煤层气采气速度数模结果为 5.6%，但其实际设计生产能力选择稍低值 5%，沁水地区主要以 5% 作为其采气速度的指标，延川南煤层气田采气速度为 3.8%。

利用数值模拟方法，预测试验井组煤层气平均采气速度 2.5%，稳产年限为 4 年，后期递减率为 10%～20%（图 5.17）。

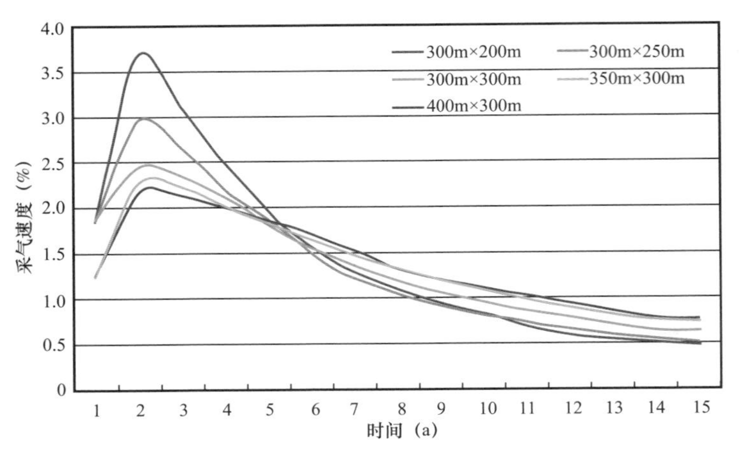

图 5.17　织金井组采气速度数模成果

综合以上结果，类比国内外的煤层气地质条件，同时考虑本区排采实际产量还没有达到韩城、沁水气田的水平，因此珠藏次向斜采气速度的选取以数值模拟的结果为主，综合认为达到设计的年生产能力，采气速度控制在 2.5% 比较合适，稳产年限为 4 年，后期递减率为 10%～20%。

（2）采收率。

类比国内外煤层气采收率，美国各盆地采收率选取较高，这主要与其优越的煤层地质成藏条件和较高的产气量相关。参考国内韩城地区及沁水樊庄区块煤层气采收率基本都在 50% 左右（表 5.5）。

表 5.5　国内外煤层气区块采收率对比表

盆地	区块面积（km^2）	煤阶	渗透率（mD）	井数（口）	产气量（m^3/d）	煤厚（m）	含气量（m^3/t）	最大采收率（%）
圣胡安	4144	气煤	1～50	4000	7000～50000	9～30	8.5～17	80
黑勇士	5180	气煤、肥煤	1～25	3300	2800～3250	4.6～7.6	7.0～14	65
尤因塔	5810	褐煤	5～20	175	4000～11320	8.0～9.1	11.3	50
拉顿	1554	长煤、气煤	1～20	200	5000～11320	5.0～15	9.0～15	55
粉河	5180	褐煤	10～20	1200	2000～4250	12.2～30	3.0～5.0	60
阿巴拉契亚	518	气煤	1～15	1000	2830	2.0～6.1	11.3～22	50
韩城合阳	690	无烟煤	1.96	705	2200	5.4	5～11	53
樊庄	182	无烟煤	0.52		1900～2700	3～5.6	18～20.3	50
延川南	511.45	无烟煤	0.344	908	1350～1800	4.5	5.5～20.5	50

根据等温吸附曲线按废弃压力选取 0.5MPa 计算理论采收率为 0.04%～78.86%，平均 55.4%，如图 5.18 所示。综合数值模拟预测结果，珠藏次向斜采收率选取保守值，标定为 50%（图 5.19）。

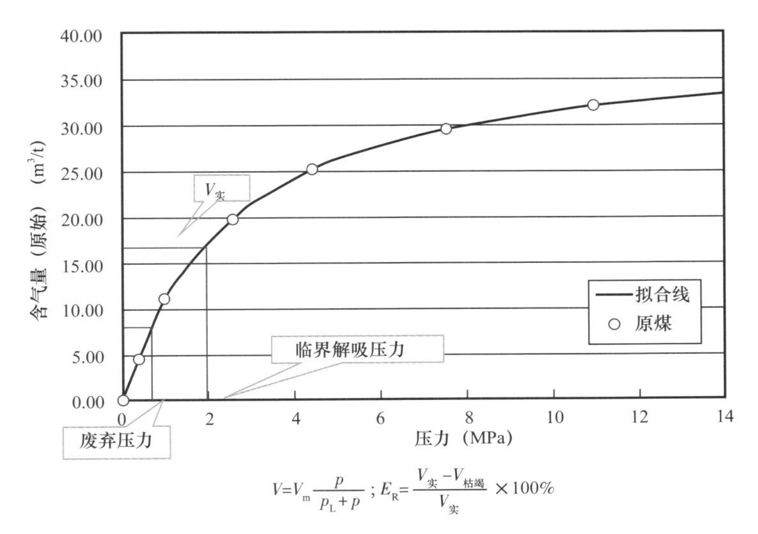

$$V=V_m\frac{p}{p_L+p}\ ;\ E_R=\frac{V_实-V_{枯竭}}{V_实}\times100\%$$

图 5.18　织 2 井Ⅲ-3 号煤层等温吸附曲线标定采收率

V—吸附量，m^3/t；V_m—兰氏体积，m^3/t；p_L—兰氏压力，MPa；
p—储层压力，MPa；$V_实$—实测含气量，m^3/t；$V_{枯竭}$—枯竭状态含气量，m^3/t；E_R—误差

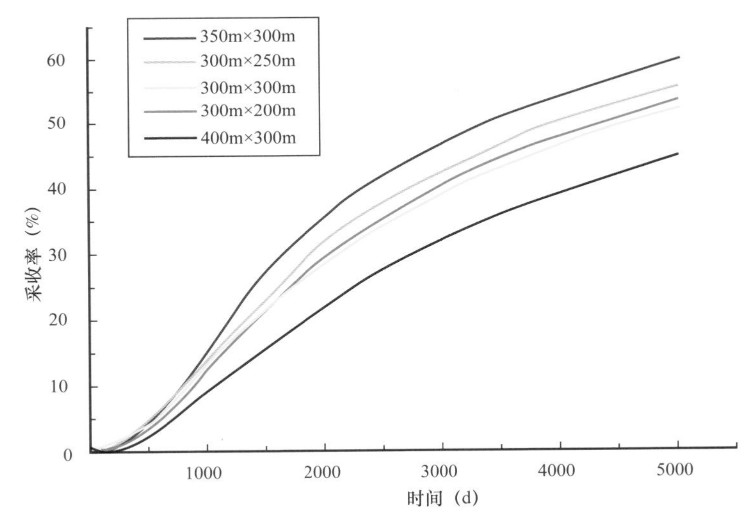

图 5.19　织井井组气体采收率数值模拟结果

（3）稳产方式。

由于国内煤层气开发起步晚，还没有达到递减期的案例，因此实际煤层气开发稳产年限没有客观实践资料作类比标准。通过区内数值模拟法进行产能预测（图 5.20），结果显示煤层气开发稳产年限为 4～5 年，后期递减率为 10%～15%。

为确保方案稳产，后期可对区内周边未动用区进行滚动扩边动用，对其他区域可采主力煤层进行补孔、调层，通过以上两种方式延长开发方案部署区的稳产时间。

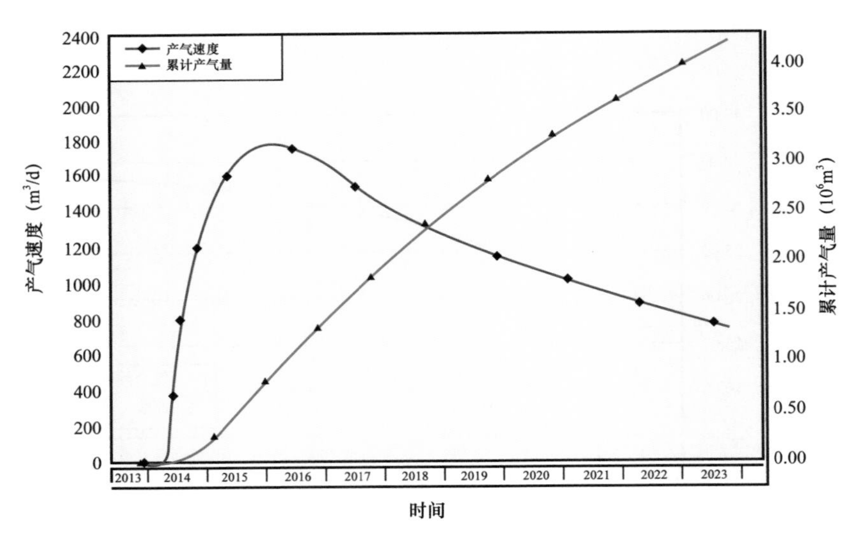

图 5.20　珠藏次向斜数模预测开发指标

5.3　井组现场开发实施效果评价

在井组开发层系组合、井型优选、压裂改造方式优化及开发方案部署优化设计的基础上，试验井组以珠藏次向斜Ⅲ煤组 20 号、23 号、27 号、30 号煤层为开发组合层系，新钻 10 口直井（于 2015 年投产）。井组基本参数情况见表 5.6。

表 5.6　织金区块层气井组基本情况（截至 2018.5.18）

构造位置	井号	井型	投产时间	排采时间（d）	累计产气（m^3）	累计产液（m^3）	状态
珠藏次向斜	织 2-10-52	直井	2015.1.1	1236	276645	183.27	正常
	织 2-10-54	直井	2015.2.2	1204	1486240	577	正常
	织 2-10-56	直井	2015.2.3	1203	966651	611	正常
	织 2-10-58	直井	2015.5.12	1104	921048	514	正常
	织 2-12-54	直井	2015.2.2	1203	1290565	647	正常
	织 2-12-56	直井	2015.2.2	1203	1183204	518	正常
	织 2-12-58	直井	2015.2.6	1200	916343	1231	正常
	织 2-8-54	直井	2015.2.12	1194	716587	675.31	正常
	织 2-8-56	直井	2015.5.15	1101	659053	1021	正常
	织 2-8-58	直井	2015.1.10	1227	617404	2305	正常

截至2018年5月18日，珠藏次向斜试验井组10口井中有5口井峰值产气量过2000m^3，最高达4805m^3/d；排采约1200d后，5口井平均单井产气量超1000m^3/d，10口井平均单井产气量为935m^3/d，整体呈现高产态势。

（1）织2-8-54井（2段/3段压裂）：织2-8-54井通过封隔器分2段压裂，于2015年2月2号投产，截至2018年5月18日累计排采1195d。该井初始动液面22.35m，20号、23号、27号、30号煤层初始流压分别为4.03MPa，4.2MPa，4.36MPa和4.5MPa。该井排采199d后见套压，单相排水阶段累计降液幅度为256.9m，日降液幅度平均1.3m，排水速率平均为1.78m^3/d。截至2018年5月18日，日产气峰值为1244m^3，平均日产气722m^3，平均日产水0.57m^3，累计产气7165872m^3，累计产水490.38m^3（图5.21）。

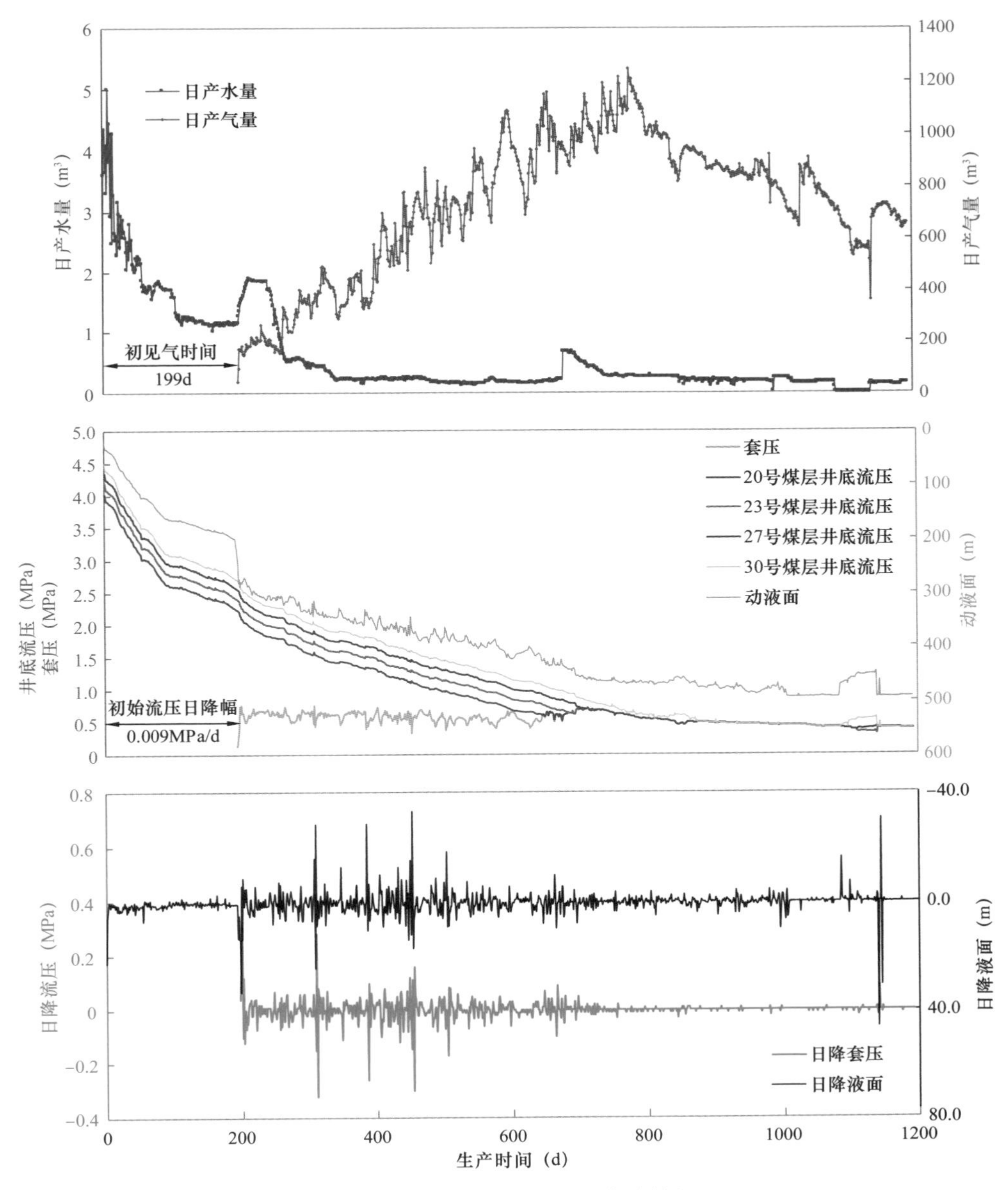

图5.21 织2-8-54井排采曲线特征

（2）织 2-8-56 井（4 段逐层压裂）：织 2-8-56 井分 4 段逐层压裂各煤层，于 2015 年 5 月 15 号投产，截至 2018 年 5 月 18 日累计排采 1090d。该井初始动液面 115.55m，20 号、23 号、27 号、30 号煤层初始流压分别为 3.16MPa，3.38MPa，3.56MPa 和 3.73MPa。该井排采 257d 后见套压，单相排水阶段累计降液幅度为 159.3m，日降液幅度平均 0.6m，排水速率平均为 1.05m³/d。截至 2018 年 5 月 18 日，日产气峰值为 2021m³，平均日产气 791m³，平均日产水 0.93m³，累计产气 659053m³，累计产水 1142m³（图 5.22）。

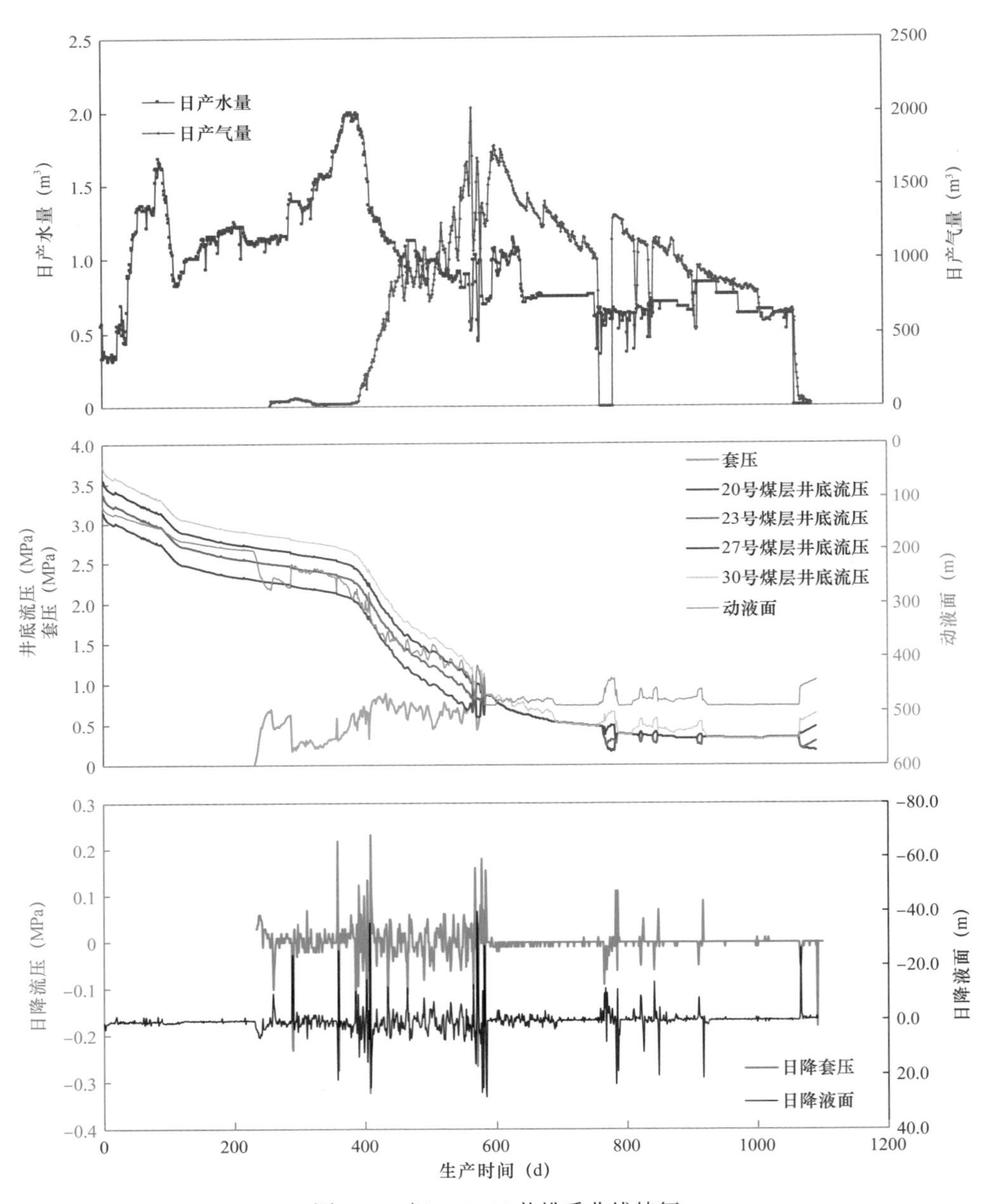

图 5.22　织 2-8-56 井排采曲线特征

（3）织2–8–58井（2段/3段压裂）：织2–8–58井通过分隔器分2段进行投球压裂，于2015年1月10号投产，截至2018年5月18日累计排采1228d。该井初始动液面7.25m，20号、23号、27号、30号煤层初始流压分别为4.06MPa，4.35MPa，4.55MPa和4.74MPa。该井排采247d后见套压，单相排水阶段累计降液幅度为202.8m，日降液幅度平均0.8m，排水速率平均为2.76m³/d。截至2018年5月18日，日产气峰值为2002m³，平均日产气630.37m³，平均日产水1.88m³，累计产气617404m³，累计产水2414m³（图5.23）。

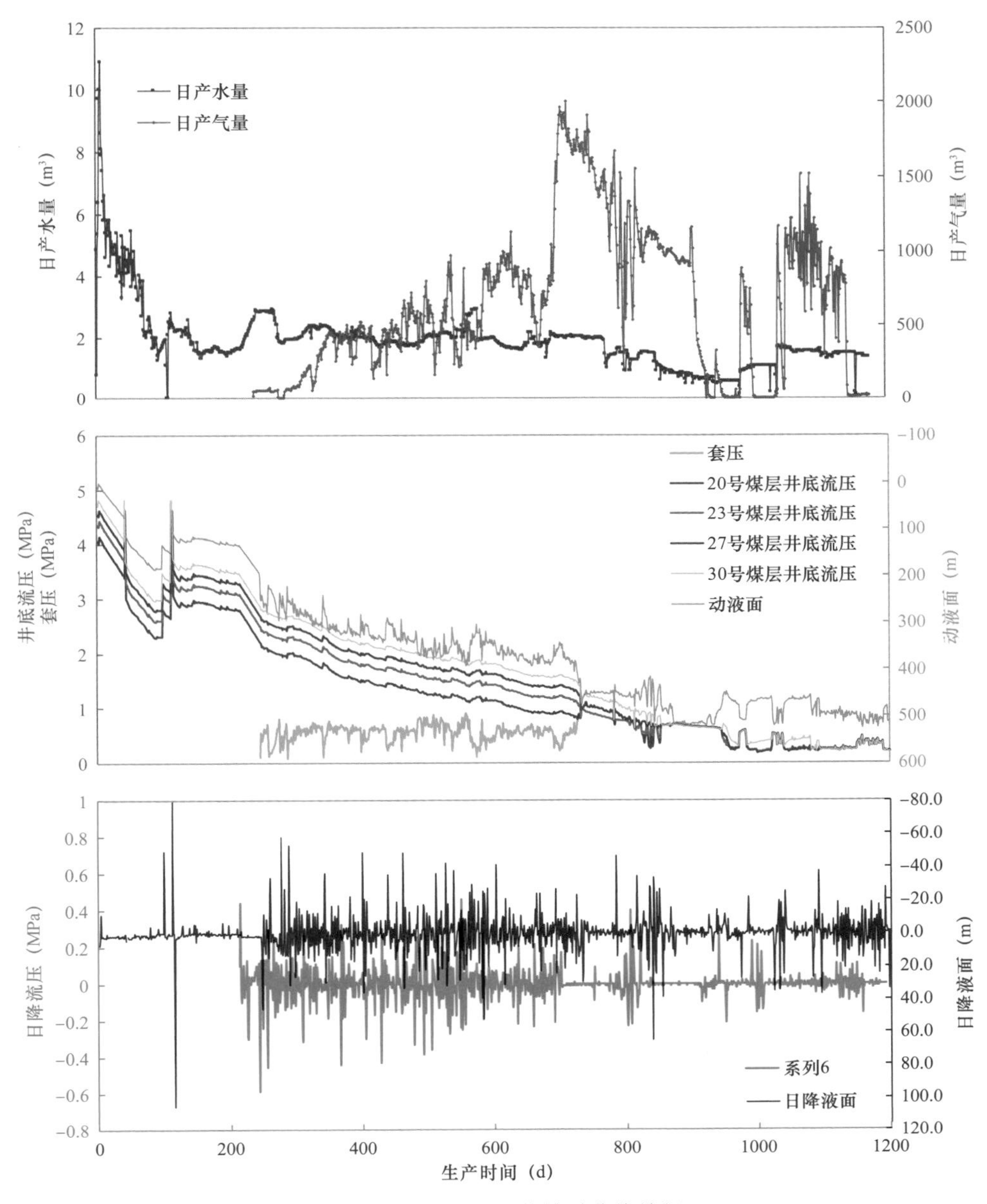

图5.23　织2–8–58井排采曲线特征

（4）织 2-10-52 井（2 段 /3 段压裂）：织 2-10-52 井通过分隔器分 2 段进行投球压裂，于 2015 年 1 月 1 号投产，截至 2018 年 5 月 18 日累计排采 1236d。该井初始动液面 3.1m，20 号、23 号、27 号、30 号煤层初始流压分别为 4.08MPa，4.21MPa，4.34MPa 和 4.43MPa。该井排采 169d 后见套压，单相排水阶段累计降液幅度为 236.7m，日降液幅度平均 1.4m，排水速率平均为 0.83m³/d。截至 2018 年 5 月 18 日，日产气峰值为 672m³，平均日产气 267m³，平均日产水 0.22m³，累计产气 276644m³，累计产水 322m³（图 5.24）。该井井距织 5 井约 200m，压裂过程中控制了规模，导致其压裂规模过小，增产潜力不大。

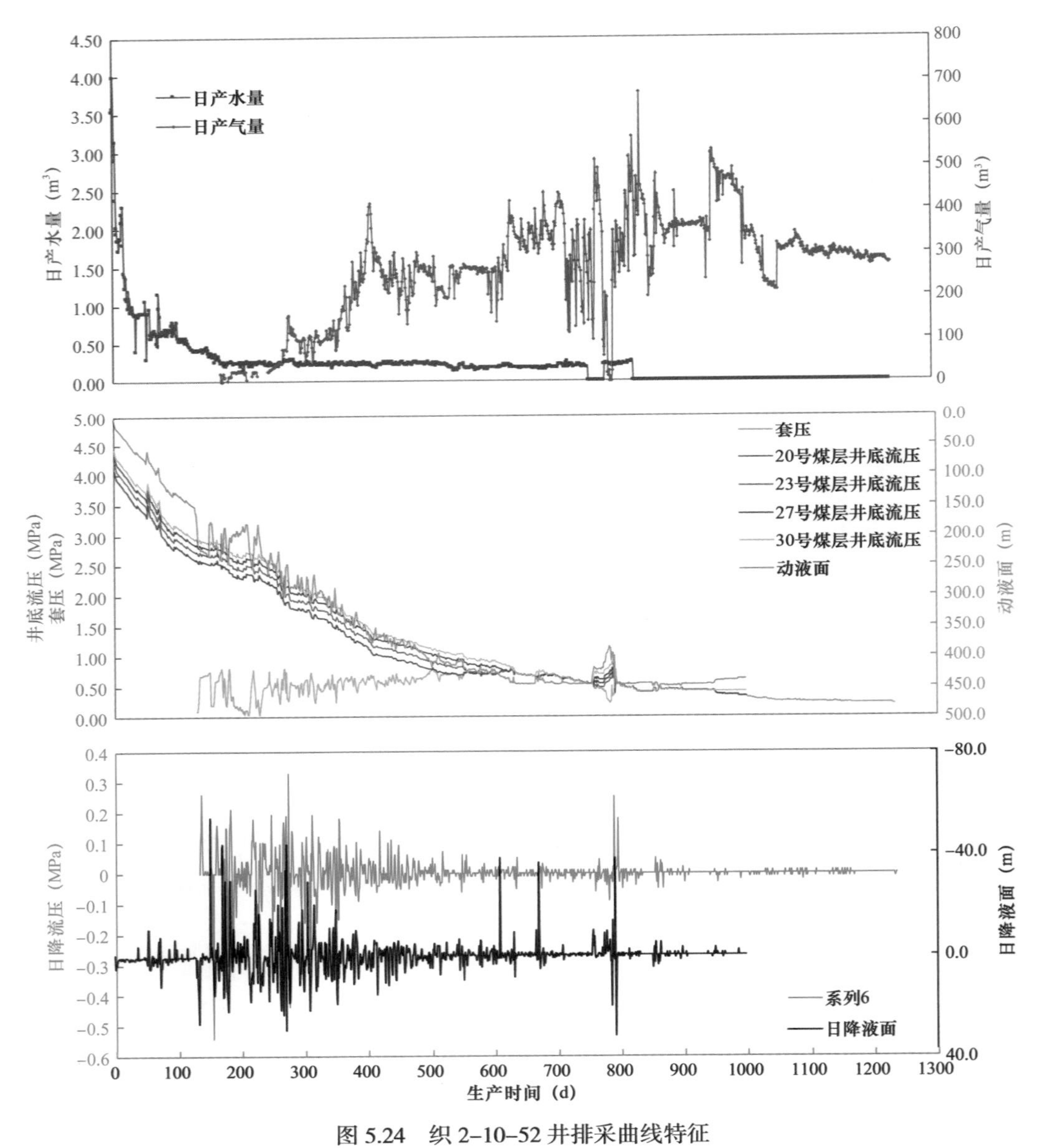

图 5.24　织 2-10-52 井排采曲线特征

（5）织 2–10–54 井（4 段逐层压裂）：织 2–10–52 井分 4 段逐层压裂各煤层，于 2015 年 2 月 3 号投产，截至 2018 年 5 月 18 日累计排采 1205d。该井初始动液面 9.39m，20 号、23 号、27 号、30 号煤层初始流压分别为 4.63MPa、4.88MPa、5.10MPa、5.26MPa。该井排采 204d 后见套压，单相排水阶段累计降液幅度为 229.8m，日降液幅度平均 1.15m，排水速率平均为 1.66m³/d。截至 2018 年 5 月 18 日，日产气峰值为 3275m³，平均日产气 1487m³，平均日产水 0.38m³，累计产气 1486240m³，累计产水 577m³（图 5.25）。

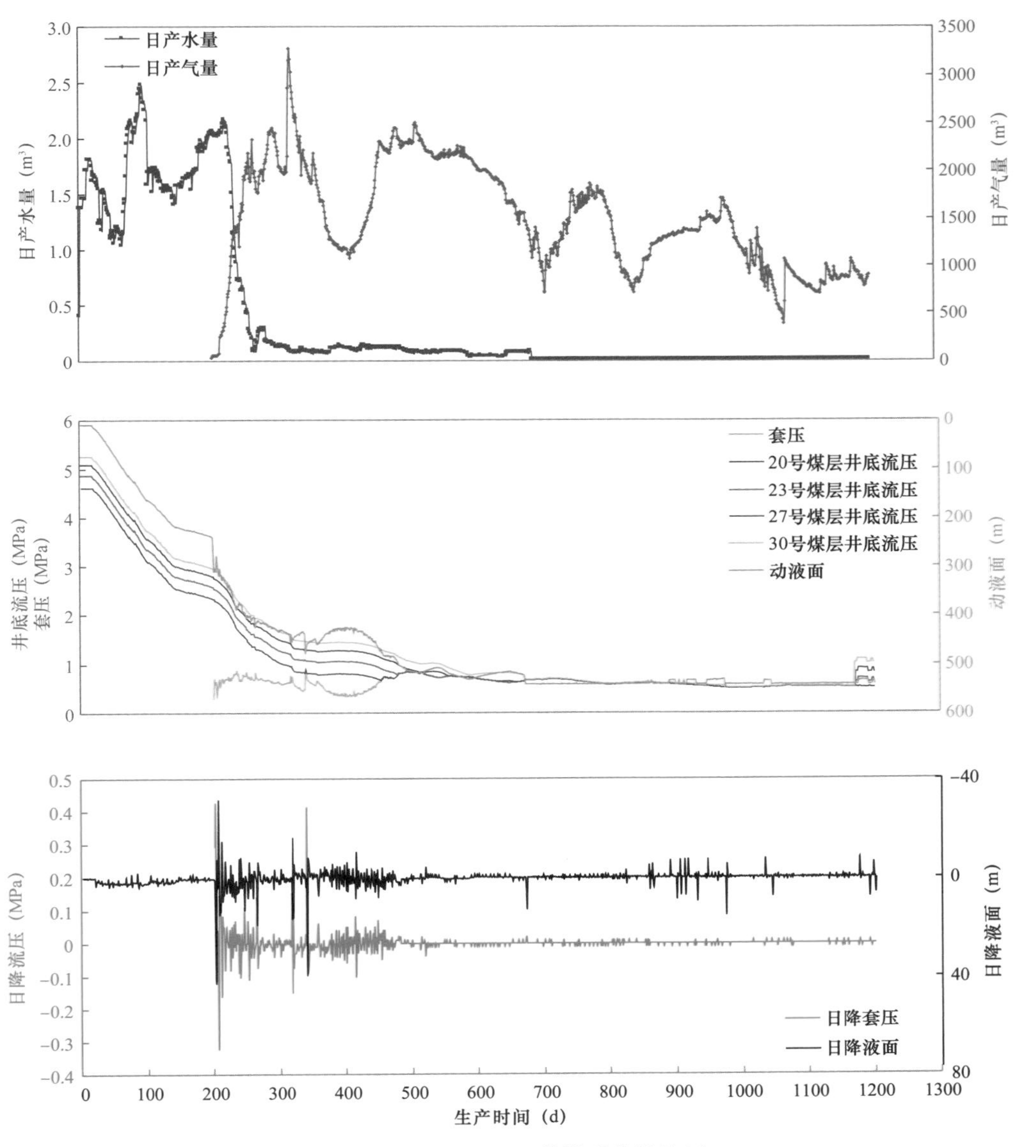

图 5.25　织 2–10–54 井排采曲线特征

（6）织 2–10–56 井（4 段逐层压裂）：织 2–10–56 井分 4 段逐层压裂各煤层，于 2015 年 2 月 3 号投产，截至 2018 年 5 月 18 日累计排采 1204d。该井初始动液面 11.6m，20 号、23 号、27 号、30 号煤层初始流压分别为 4.67MPa，4.91MPa，5.10MPa 和 5.27MPa。该井排采 240d 后见套压，单相排水阶段累计降液幅度为 148.6m，日降液幅度平均 1m，排水速率平均为 1.23m³/d。截至 2018 年 5 月 18 日，日产气峰值为 1636m³，平均日产气 1009m³，平均日产水 0.41m³，累计产气 966651m³，累计产水 611m³（图 5.26）。

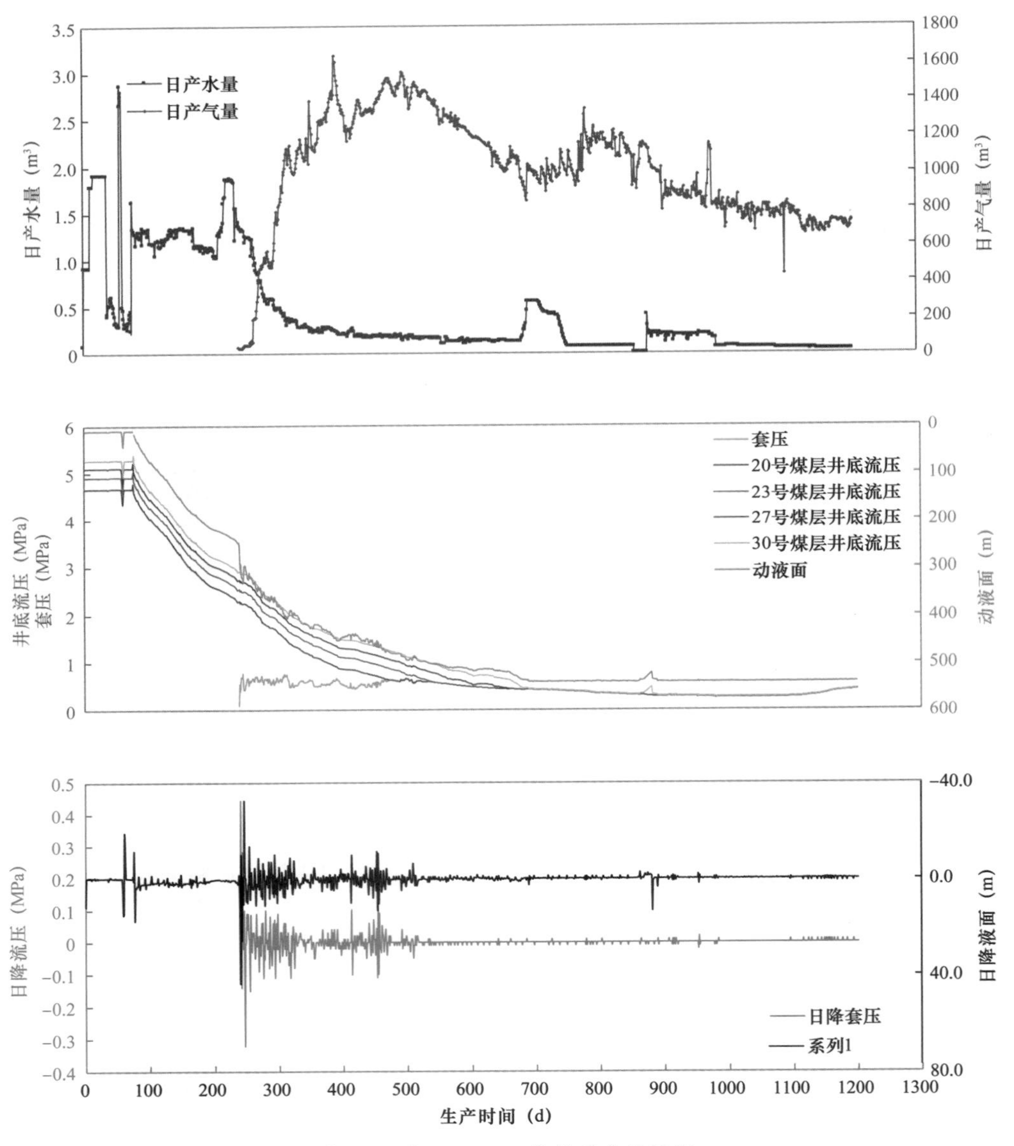

图 5.26　织 2–10–56 井排采曲线特征

（7）织 2–10–58 井（4 段逐层压裂）：织 2–10–58 井分 4 段逐层压裂各煤层，于 2015 年 5 月 13 号投产，截至 2018 年 5 月 18 日累计排采 1105d。该井初始动液面 11.6m，20 号、23 号、27 号、30 号煤层初始流压分别为 4.44MPa，4.75MPa，1.94MPa 和 5.13MPa。该井排采 173d 后见套压，单相排水阶段累计降液幅度为 207.2m，日降液幅度平均 1.2m，排水速率平均为 1.14m³/d。截至 2018 年 5 月 18 日，日产气峰值为 1831m³，平均日产气 1022m³，平均日产水 0.32m³，累计产气 921048m³，累计产水 514m³（图 5.27）。

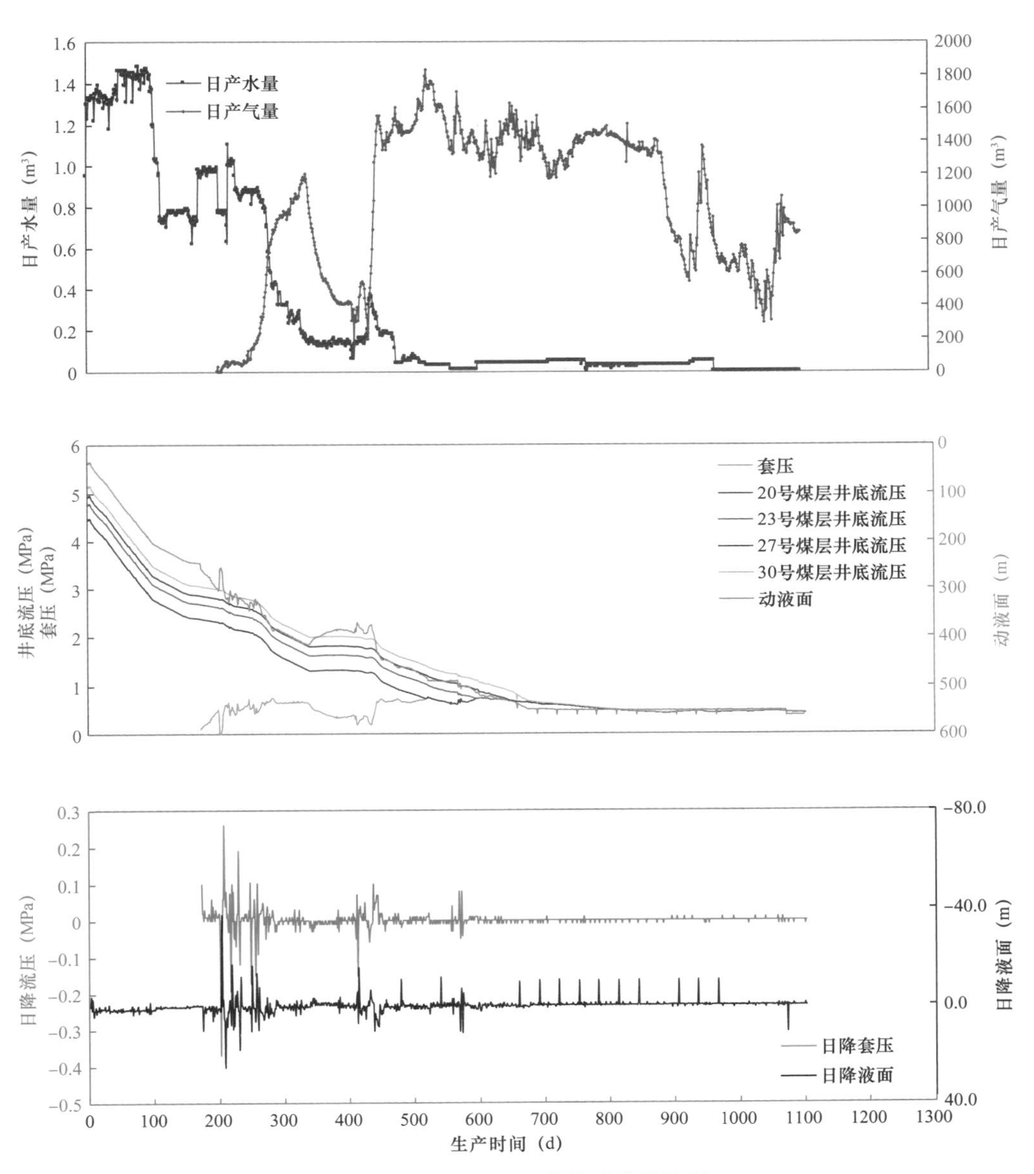

图 5.27　织 2–10–58 井排采曲线特征

（8）织 2-12-54 井（4 段逐层压裂）：织 2-12-54 井分 4 段逐层压裂各煤层，于 2015 年 2 月 3 号投产，截至 2018 年 5 月 18 日累计排采 1204d。该井初始动液面 15.37m，20 号、23 号、27 号、30 号煤层初始流压分别为 5.13MPa，5.35MPa，5.55MPa 和 5.73MPa。该井排采 249d 后见套压，单相排水阶段累计降液幅度为 268.3m，日降液幅度平均 1.1m，排水速率平均为 1.36m³/d。截至 2018 年 5 月 18 日，日产气峰值为 2296m³，平均日产气 1367m³，平均日产水 0.39m³，累计产气 1290566m³，累计产水 647m³（图 5.28）。

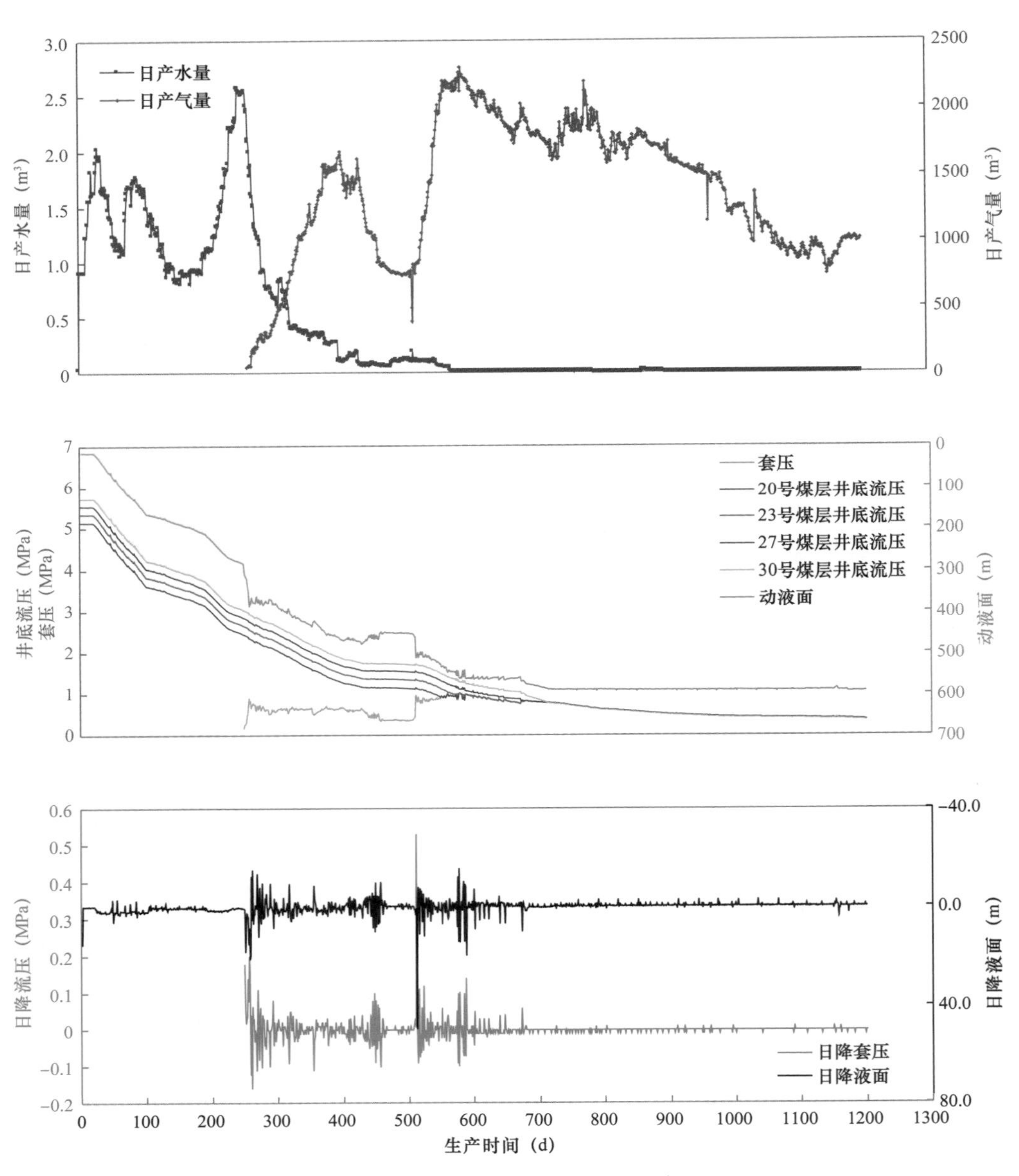

图 5.28　织 2-12-54 井排采曲线特征

（9）织2–12–56井（4段逐层压裂）：织2–12–56井分4段逐层压裂各煤层，于2015年2月3号投产，截至2018年5月18日累计排采1204d。该井初始动液面15.37m，20号、23号、27号、30号煤层初始流压分别为5.16MPa，5.44MPa，5.65MPa和5.88MPa。该井排采215d后见套压，单相排水阶段累计降液幅度为271.5m，日降液幅度平均1.3m，排水速率平均为1.22m³/d。截至2018年5月18日，日产气峰值为1805m³，平均日产气1205m³，平均日产水0.33m³，累计产气1183204m³，累计产水518.12m³（图5.29）。

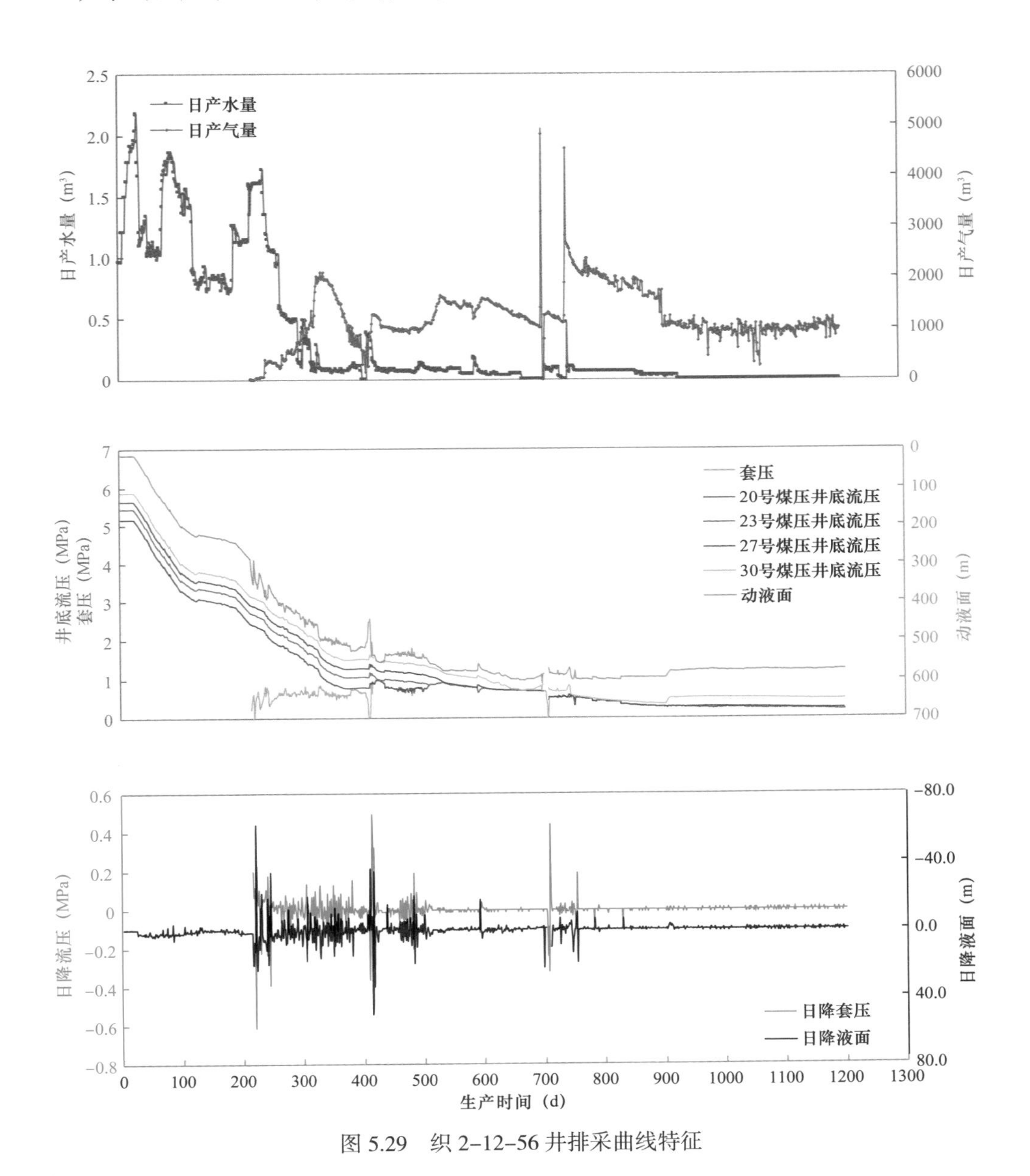

图5.29 织2–12–56井排采曲线特征

（10）织 2-12-58 井（2 段 /3 段压裂）：织 2-12-58 井通过分隔器分 3 段压裂，于 2015 年 2 月 6 号投产，截至 2018 年 5 月 18 日累计排采 1201d。该井初始动液面 12.58m，20 号、23 号、27 号、30 号煤层初始流压分别为 5.22MPa，5.46MPa，5.67MPa 和 5.96MPa。该井排采 236d 后见套压，单相排水阶段累计降液幅度为 292.2m，日降液幅度平均 1.25m，排水速率平均为 1.68m^3/d。截至 2018 年 5 月 18 日，日产气峰值为 1821m^3，平均日产气 849m^3，平均日产水 1.03m^3，累计产气 816344m^3，累计产水 1410m^3（图 5.30）。

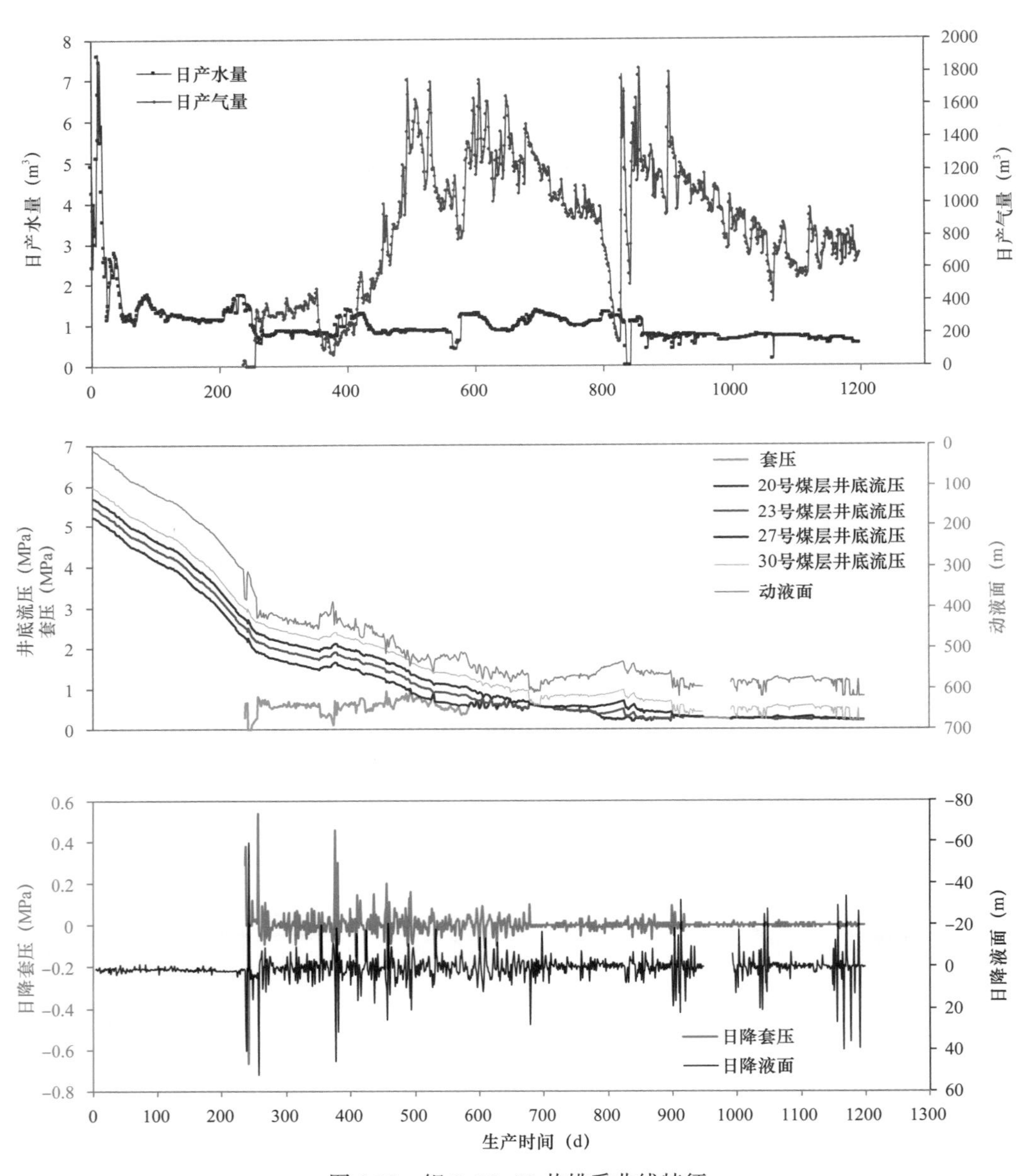

图 5.30 织 2-12-58 井排采曲线特征

第 6 章　多层合采排采制度优化

与常规油气开发不同，由于煤岩储层的应力敏感性和成藏富集规律的特殊性，多煤层合采技术尚处于摸索试验阶段，相关成果性研究甚少，目前仅华北地区鄂尔多斯盆地桑娥、延川南及沁水盆地潘庄各有研究报道，且侧重点均为对合采影响因素方面进行的可行性分析；而中国南方煤层气资源丰富，多煤层发育特征明显，静态地质研究相对较多，却并无多煤层合采动态开发制度的相关报道。

多煤层合采可以大幅提高纵向资源动用规模，但在实际生产过程中，主要面临以下 3 个方面的难题：（1）合采气井上部煤层容易裸露，而下部煤层还未解吸，产能叠加效果不理想。（2）小间距可以延长产气叠合时间，大间距可以动用更多煤层以提高煤层气资源动用规模，如何平衡二者之间矛盾。（3）煤层解吸初期需要防止气量增长过快，高套压容易造成煤层裸露，而低套压又会造成流压下降过快；摸索合理的套压值，是排采管理亟待解决又一课题。本次研究以织金区块多煤层合采气井生产效果反馈为依据，结合煤层气开发机理，明确降压与解吸之间的耦合关系，从定量的角度，提出井底流压和生产套压的控制原则，从而建立了适合织金区块多煤层煤层气合采的“阶段降压排采方式”工作制度。

6.1　对井底流压的合理控制

由于煤层层间距变化大，多储层压力系统必然存在差异，导致各煤层解吸压力与解吸时间各不相同；合采的目的是通过优化压降速率来延长产气叠合时间，以实现产能叠加。通过对合采气井排采控制与生产效果的对比分析，在摸索液面降幅、套压控制及产气与产水变化规律的基础上，总结提出了“低速—低套—阶梯式降压”的排采制度。

（1）见气前抽排过快，无高产。织 6 井目的层为龙潭组 30 号和 32 号煤层，于 2011 年 12 月 17 日投产，启抽压力 8.7MPa。投产后第 3 天因压力计损坏，流压无法监测，排采 15d 后见气，抽排强度较大，单相流阶段平均降液面达 11.6m/d（即 0.116MPa/d），见气前返排率仅 28%。见气后水量逐减，从 2.15m^3/d 降至 0.1m^3/d，最高日产气量不超过 715m^3。分析认为，见气前排采速率过快，压敏效应导致储层渗透率降低，水量无法正常排出、压降漏斗难以扩展、解吸面积受限而造成气源供给不足，从而难以实现高产（图 6.1）。

（2）见气后排采强度过大，有高产，无稳产。织 2 井目的层为龙潭组 20 号和 23 号煤层，于 2010 年 6 月 8 日投产，见气前日降液面 3～5m，排采较为平稳；见气后最大流压降幅达 0.32MPa/d（相当于日降液面 32m），且持续快速抽排，平均日降 0.27MPa，储层伤害较为严重，主要表现为：① 产水量持续降低（由 1.28m^3/d 降至 0.01m^3/d）；② 稳产效果不理想（日产 2000m^3 以上仅 75d，1000m^3 以上 120d，且后期呈现缓慢下降趋势），排采曲线呈现“单峰型”。说明见气后排采强度过大，呈有高产、无稳产特征（图 6.2）。

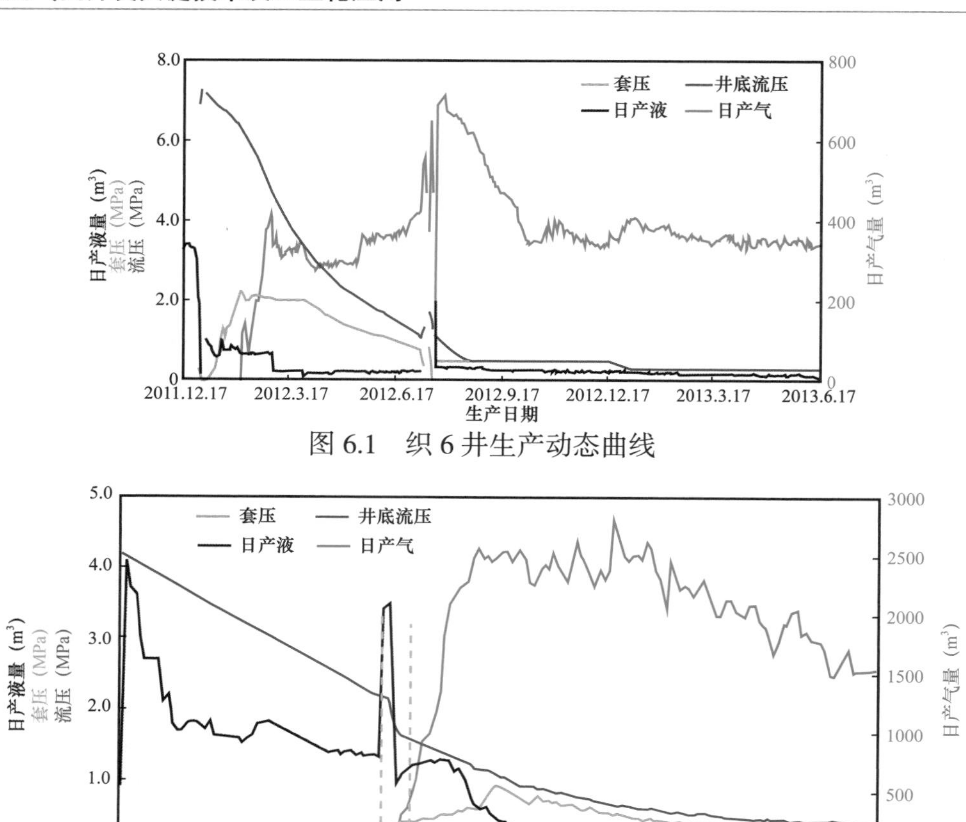

图 6.1　织 6 井生产动态曲线

图 6.2　织 2 井排采日降流压与产气量变化关系

6.2　对套压的合理控制

织 5 井目的层为龙潭组 16 号、17 号、20 号、23 号及 27 号煤层，于 2011 年 12 月 21 日投产。见气前，日降液面小于 2m、流压控制较为合理。但见气后，解吸迅猛，套压急速上升（从 0.5MPa 跃至 1.4MPa），造成动液面骤降、上部煤层相继裸露；日产气量曲线呈锯齿状，达峰值（2830m³/d）后迅速下跌。分析认为，由于气体大量解吸，渗流通道中“滑脱效应”明显，导致日产水量急剧减（从 2.0m³/d 减至 0.1m³/d），排采中后期产气效果不理想；说明高套压不适应多煤层合采技术要求（图 6.3）。

假设套压为 p_c，上部煤层沉没度为 H，上、下煤层间距为 Δh，下部煤层的流压和解吸压力分别为 p_{wf2} 和 p_{j2}，则在排采过程中满足关系式：

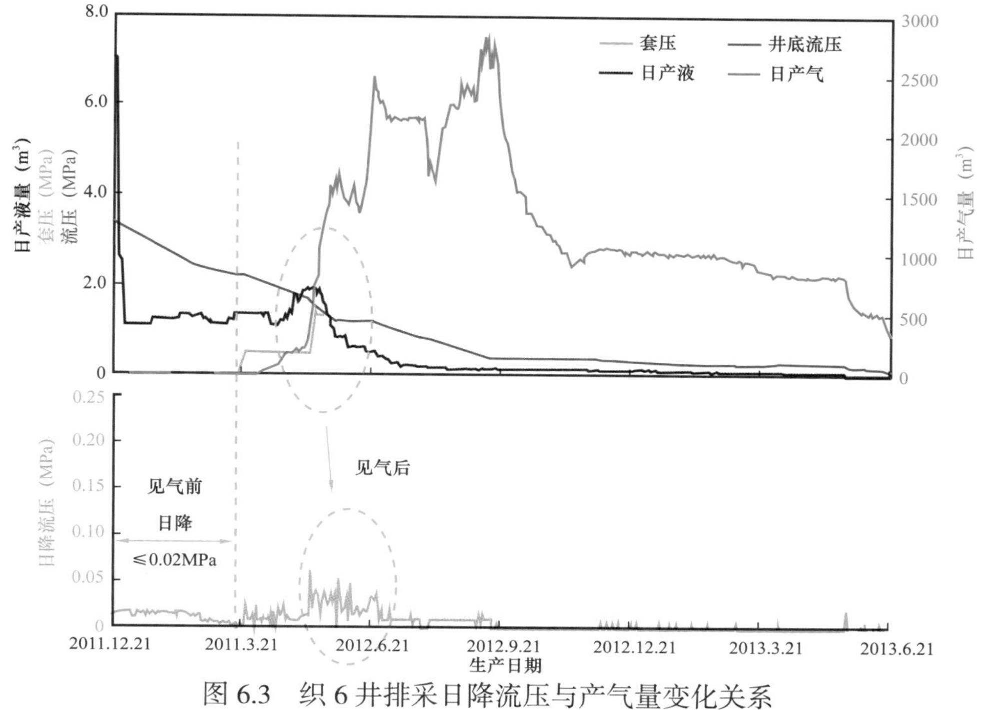

图 6.3　织 6 井排采日降流压与产气量变化关系

$$p_{wf2}=p_c+（H+\Delta h）/100$$

当下部煤层开始解吸时，有 $p_{wf2}=p_{j2}$，即：

$$p_{j2}=p_c+（H+\Delta h）/100$$

$$p_c=p_{j2}-（H+\Delta h）/100$$

制定合理套压，应保证下部煤层充分解吸而上部煤层不裸露，即 $H>0$，则：解吸初期，$p_c<p_{j2}-\Delta h/100$；稳定生产过程中，$p_c<p_{wf2}-\Delta h/100$。综上分析可知，煤层间的大间距实施低套压生产较为合适，而小间距可适当提高套压。生产实践证明，在珠藏次向斜实施低套压（0.5MPa）产气效果良好。

6.3　阶段降压排采方式

以 3 层煤合采为例，如图 6.4 中 1 号、2 号和 3 号煤层，假设启抽压力、储层压力、解吸压力和稳产压力分别为 p_s、p_r、p_j 和 p_w，日产水和日产气分别为 ΔQ_L 和 ΔQ_g，井底流压为 p_{wf}，3 层煤解吸压力分别为 p_{j1}、p_{j2} 和 p_{j3}。

阶梯式降压，是以降压和产水（或产气）之间耦合关系为理论依据，即单位压降条件下获取相应产水（或产气）量，函数关系式为 $\Delta p_{wf}=\phi（\Delta p_r）=F（\Delta Q_L，\Delta Q_g）$，以此控制排水降压速度，防止压敏、速敏等不利因素造成渗流通道堵塞，保证地层水（或气）正常产出。

低速—低套—阶梯式降压排采制度的基本思想是：以节点控制为手段，把握阶段降压特征；以提高返排率为核心，扩大地层卸压面积；以慢排为原则，防止储层伤害；以低套防裸露，兼顾主力煤层，延长产气叠合时间；将整个排采过程分为 3 个阶段进行控制，即缓慢降压阶段、阶梯降压阶段和稳流压生产阶段（图 6.5）。

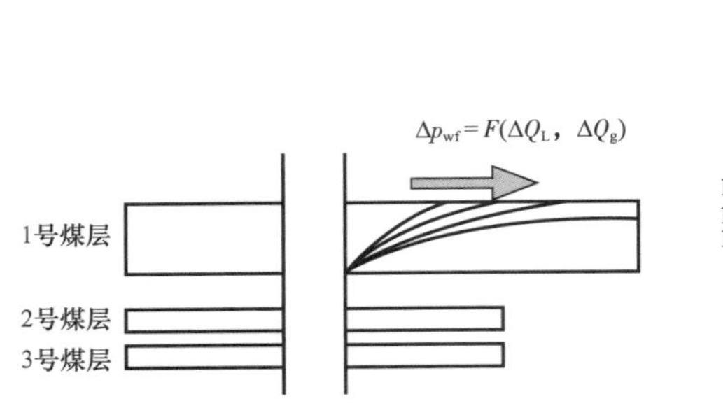

图 6.4　多煤层合采煤层气井合采压降漏斗示意图

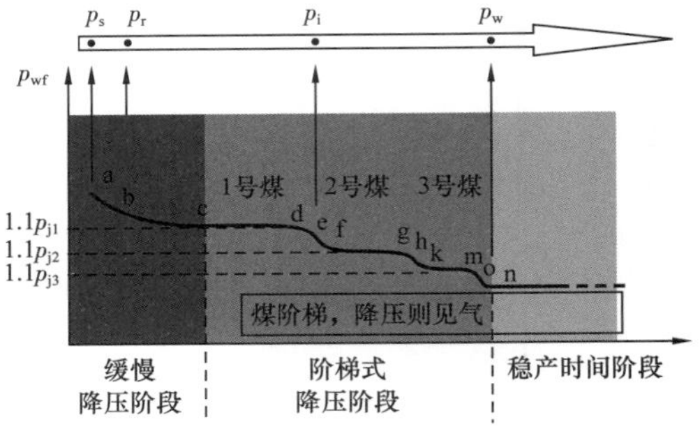

图 6.5　阶梯式降压排采示意图

（1）缓慢降流压阶段（a → c）。① a—b 段：压后启抽，该阶段井筒压力高于地层压力，为防止压裂液污染及长时间浸泡造成煤层垮塌，以日降液面不大于 2m 的速度适当快排。在目的层埋深较浅的区块，如珠藏次向斜（300～600m），启抽速度不大于 1.5m/d，也能获得较好的产气效果。② b—c 段：当流压降至 b 点时，井筒流压值等于储层压力，即 $p_{wf} = p_s$，此后储层开始卸压，煤岩应力敏感逐渐凸现，因此放慢排采速率，保持日降液面不大于 1m。

（2）阶梯式降压阶段（c → n）。① c—d 段：当流压降至 1 号煤层解吸压力的 1.1 倍时（即 $1.1p_{j1}$，c 点），1 号煤层处于临近解吸阶段，为防止见气过快造成液面大幅波动，同时，抓住单向流阶段提高返排率的最佳时机，故下调冲次，稳液面排水。② d—e—f 段：当返排率不小于 30% 时（d 点），通过缓慢降液面，进一步扩大储层与井筒之间的压差，以获取稳定产液量。当井底流压降至 e 点时，1 号煤层解吸，随着套压上涨，进入气水两相流阶段，地层供液能力自然减弱，此时下调冲次，保持低套压生产，以防止动液面降幅过大。③ f—g—h—k 段：当井底流压降至 2 号煤层解吸压力 1.1 倍时（即 $1.1p_{j2}$，f 点），2 号煤临近解吸阶段，稳液面排水以提高该层见气前返排率，控制原则与 d—e—f 段相同。④ k—m—o—n 段：当井底流压降至 3 号煤层解吸压力的 1.1 倍时（即 $1.1p_{j3}$，k 点），同理，此时以提高 3 号煤层返排率为目的，控制原则与 f—g—h—k 段类似。

（3）稳流压生产阶段（n 点之后）。当排采进入稳产阶段（n 点之后），在低套压保证煤层具备一定沉没度的条件下，地层供液稳定，深部煤层气资源开始启动，单井日产稳定，且趋于高产稳产状态；此时稳流压生产，可获取持久、稳定的煤层气的产能。

6.4　井间差异化排采制度

为达成试验区井组整体面积降压的目的，井组采取差异化排采制度，主要体现在同一井动液面所处煤层段不同，排采制度不同；不同井动液面所处煤层段相同，排采制度也不同（图 6.6，表 6.1）。实时监测，动态跟踪，有目的、有针对性地控制单井排采速度，实现面积降压的目的，进一步提高井组产能。

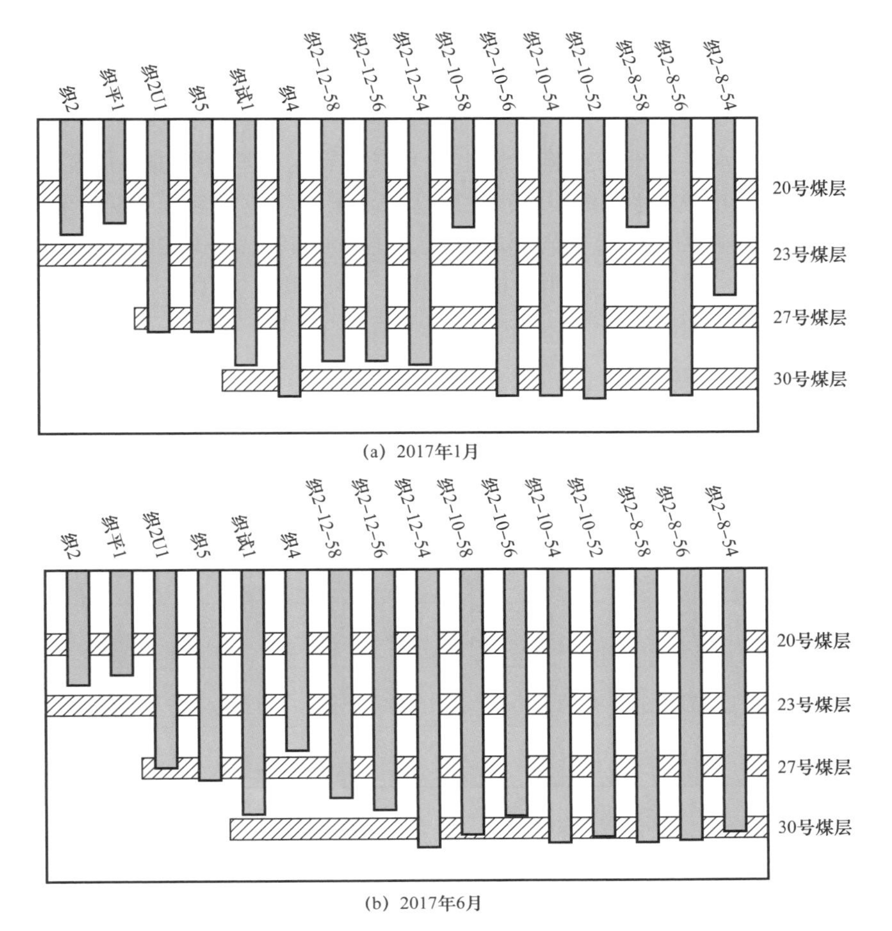

(a) 2017年1月

(b) 2017年6月

图 6.6 动液面与煤层的关系

表 6.1 煤层气井差异化排采制度

井号	动液面	制度（7 月）
织 2-12-58 井	27 号 -30 号煤层	缓降流压排采（加快排采速度）
织 2-12-56 井		稳流压排采
织平 1 井	底部目的煤层之上	继续降低排采速度，稳流压排采（控制套压在 1.2MPa 左右）
织 2-12-54 井	煤层全部裸露	稳流压排采
织 2-10-58 井		缓降流压排采
织 2-10-56 井		缓降流压排采
织 2-10-54 井		稳流压，适当放套压
织 2-10-52 井		稳流压排采
织 2-8-58 井		稳流压排采，适当放套压
织 2-8-56 井		稳降流压排采（产液较多，加快排采速度）

6.5 排采制度应用效果评价

依据前期探井及水平井排采经验，量化压力控制节点和各阶段排采强度，不断扩大降压解吸面积。排采制度从持续降流压变为缓慢降流压－阶段稳流压排采，防止煤层裸露和压敏、速敏。优化排采制度后见气周期延长为129～248d，平均205d，达产周期330d，解吸前压降半径扩大，累计产液量明显提高，截至2018年5月18日，各井返排率均达到30%以上（图6.7和图6.8）。

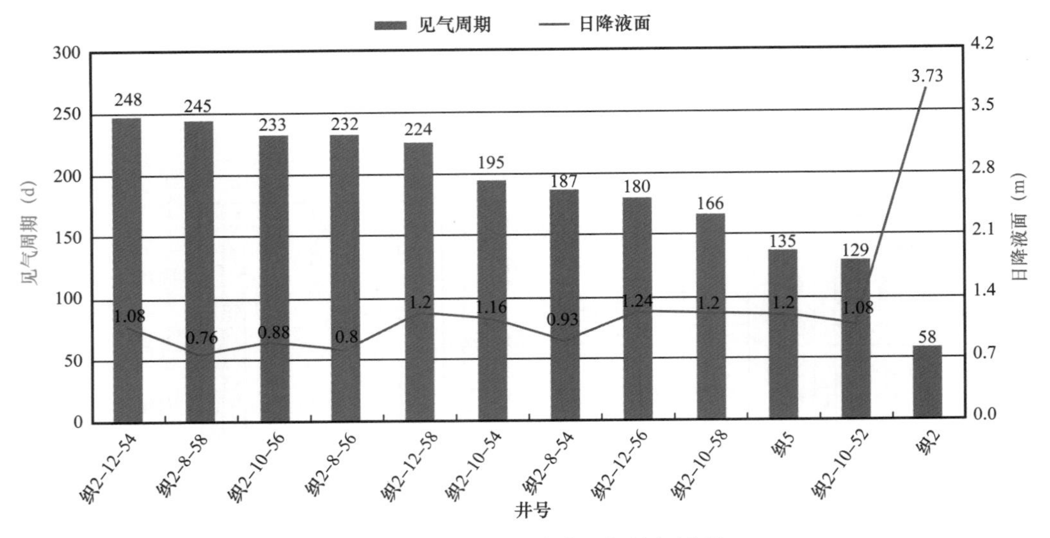

图6.7　试验井组日降液面与见气周期

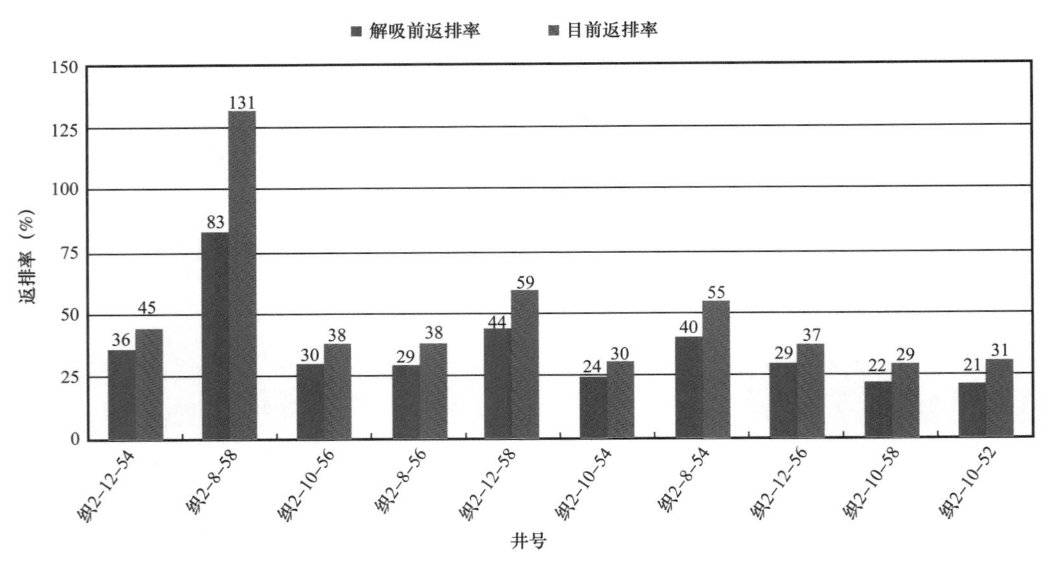

图6.8　试验井组单相排水阶段返排率

以织 2-10-56 井为例（图 6.9），该井见气周期 240d，解吸压力 2.39MPa，在阶段一缓慢降流压阶段，遵循地层供液能力的排采，减弱应力敏感，实现高效排液，远端、近端同步降压；在阶段二阶梯式降压阶段（233d），逐级降压产气，避免突然解吸见气，有目的地控制单井排采速度，延长高流压的排水产气时间，进一步实现高效产液，远端、近端同步降压、同步产气，提高采收率。日产气量增长至 1495m³；进入阶段三稳产阶段，最上部煤层裸露，即着眼于整个区域面积降压，扩大压降漏斗，日产气量稳定在 1100m³ 左右。

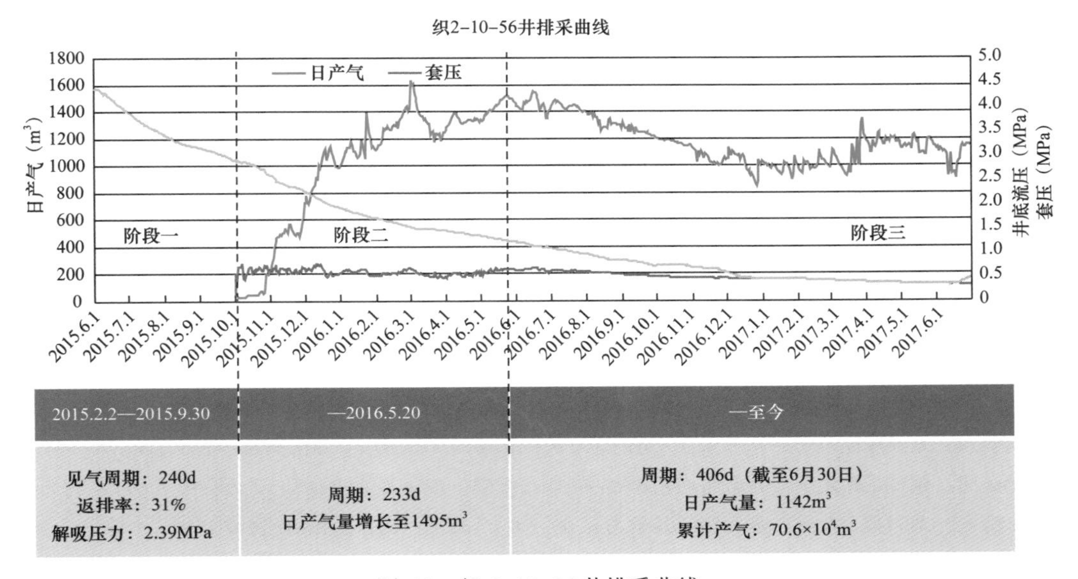

图 6.9 织 2-10-56 井排采曲线

参考文献

[1]孙粉锦，冯三利，赵庆波，等．煤层气勘探开发理论与技术［M］．北京：石油工业出版社，2010.

[2]贾承造．煤层气资源储量评估方法［M］．北京：石油工业出版社，2007.

[3]崔凯华，郑洪涛．煤层气开采［M］．北京：石油工业出版社，2009.

[4]王允诚，孔金祥，李海平．气藏地质［M］．北京：石油工业出版社，2004.

[5]庄惠农．气藏动态描述和试井［M］．北京：石油工业出版社，2004.

[6]苏现波．煤层气地质学与勘探开发［M］．北京：科学出版社，2001.

[7]孙茂远．煤层气开发利用手册［M］．北京：煤炭工业出版社，1998.

[8]杨申镳．煤层气勘探与开发［M］．北京：中国石化出版社，1994.

[9]王红岩，刘红林．煤层气富集成藏规律［M］．北京：石油工业出版社，2005.

[10]梁冰，孙可明．低渗透煤层气开采理论及其应用［M］．北京：科学出版社，2006.

[11]王新民，傅长生，石璟，等．国外煤层气勘探开发实例［M］．北京：石油工业出版社，1998.

[12]张新民，庄军．中国煤层地质与资源评价［M］．北京：科学出版社，2002.

[13]赵庆波，等．煤层气地质与勘探技术［M］．北京：石油工业出版社，1999.

[14]钱凯．煤层甲烷气勘探开发理论与实验测试技术［M］．北京：石油工业出版社，1997.

[15]张晓君，刘作荣．工业电器与仪表［M］．北京：化学工业出版社，2010.

[16]李莲明，洪鸿．天然气开发常用阀门手册［M］．北京：石油工业出版社，2011.

[17]业渝光，刘昌岭．天然气水合物的结构与性能［M］．北京：地质出版社，2011.

[18]叶建平．中国煤层气勘探开发利用技术进展［M］．北京：地质出版社，2006.

[19]吴俊．中国煤成烃基本理论与实践［M］．北京：煤炭工业出版社，1994.

[20]梁平．天然气操作技术与安全管理(第二版)［M］．北京：化学工业出版社，2012.

[21]刘宝权．设备管理与维修［M］．北京：机械工业出版社，2012.

[22]贺天才，秦勇．煤层气勘探开发与利用技术［M］．北京：中国矿业大学出版社，2007.

[23]宋晏，刘勇．计算机应用基础［M］．北京：电子工业出版社，2013.

[24]傅雪海，秦勇．煤层气地质学［M］．北京：中国矿业大学出版社，2007.

[25]李增学，魏久传．煤地质学［M］．北京：地质出版社，2005.

[26]叶建平，秦勇．中国煤层气资源［M］．北京：中国矿业大学出版社，1998.

[27]B J Cardott，J R Levine. Overview of Coal and Coalbed Methane in the Arkoma Basin. Eastern Oklahoma Field Trip 7. American Association of Petroleum Geologists Annual Meeting，Dallas，Texas，2004.

[28]C Phelps.Down-hole Gas/Water Separation with Re-injection in Coal-Bed Methane Plays.Paper presented at the SRI Conference on CBM Water Management Strategies，Durango，Colorado，2002.